Hans-Peter Dürr

Auch die Wissenschaft spricht nur in Gleichnissen

HERDER spektrum

Band 5486

Das Buch

Die klassischen Naturwissenschaften sind zu überwältigenden Einsichten in Strukturen unserer Welt vorgedrungen. Sie haben ein Erkenntnisideal in alle Gesellschaftsbereiche transportiert, das sich durch prinzipielle Begreifbarkeit und Eindeutigkeit auszeichnet. Dies hat u. a. dazu geführt, dass die meisten Zeitgenossen ihren inneren Erlebnissen und Evidenzen nicht mehr so richtig trauen und sie leicht als bloß subjektiv abwerten. Die Einsichten der Quantenphysik haben aber Einblicke in eine ganz andere als die klassische Erkenntniswelt eröffnet. Die Quantenphysiker sprechen über eine Wirklichkeit, die sich dem klassischen Entweder/oder-Denken entzieht und stattdessen als Sowohl/als-auch-Welt sichtbar wird. Außer in der Sprache der Mathematik kann über diese mikrophysikalischen Untergrundphänomene nur noch in Gleichnissen gesprochen werden. Hans-Peter Dürr, der sich seit 50 Jahren mit den Phänomenen der mikrophysikalischen Prozesse auseinandersetzt, vermittelt anschauliche Zugänge zu dieser Welt. Es gelingt ihm, auch bei wissenschaftlich Ungeübten so etwas wie Ergriffenheit hervorzurufen angesichts der kreativen Fülle der Wirklichkeit und das zur Naturwissenschaft komplementäre Phänomen der Religion so in sein Denken einzubeziehen, dass deutlich wird, wie arm eine Gesellschaft ist, die glaubt, auf Religion verzichten zu können. Die Annäherung eines Naturwissenschaftlers an die Religion macht dieses Buch in unserer Zeit der Orientierungssuche wichtig und spannend.

Autor und Herausgeberin

Hans-Peter Dürr, Professor, PhD, Dr. phil., Dr. phil. h.c., geb. 1929, Physiker, Schüler und Freund von Werner Heisenberg. Zahlreiche Veröffentlichungen. Träger des Alternativen Nobelpreises.
Marianne Oesterreicher-Mollwo, Dr. phil., Autorin und Herausgeberin mehrerer Bücher. Bei Herder Spektrum (gemeinsam mit Hans-Peter Dürr): „Wir erleben mehr als wir begreifen." (Band 4847)

Hans-Peter Dürr

Auch die Wissenschaft spricht nur in Gleichnissen

Die neue Beziehung zwischen Religion und Naturwissenschaften

Herausgegeben von Marianne Oesterreicher

HERDER

FREIBURG · BASEL · WIEN

4. Auflage

Alle Rechte vorbehalten – Printed in Germany
© Verlag Herder Freiburg im Breisgau 2004
www.herder.de
Satz: Barbara Herrmann, Freiburg
Druck und Bindung: fgb · freiburger graphische betriebe 2007
www.fgb.de
Umschlaggestaltung und Konzeption:
R·M·E München / Roland Eschlbeck, Liana Tuchel
Umschlagbild: René Magritte, Der wunde Punkt, 1960 (Detail),
© VG Bild-Kunst, Bonn 2004
ISBN 978-3-451-05486-0

Inhalt

Vorwort der Herausgeberin

Als im Laufe der Jahrhunderte Naturwissenschaft und Religion einander nicht mehr so feindlich gegenüberstanden, wie es seit Galilei für lange Zeit üblich war – in verschiedenen Varianten zwischen Kampf, Angst und Spott –, einigten sie sich allmählich auf gegenseitige Duldung. Die eine überließ der anderen unangefochten das Revier, in dem sie selbst nicht zuhause war. Religion wurde zur Privatsache, und die Naturwissenschaftler fanden sich mit dem Gedanken ab, für die Erkenntnis materieller Zusammenhänge zuständig zu sein, aber von allem, was mit Leben, Seele und Geist zu tun hat, eigentlich nichts zu verstehen.

Diese Form von Stillhalteabkommen funktionierte lange Zeit ziemlich gut und ist ja noch heute sehr populär.

Die „moderne Physik" aber brachte Erkenntnisse, die eine nur ausschließende Grenzziehung zwischen Naturwissenschaft einerseits, Leben, Seele und Geist andererseits, nicht mehr so wie zuvor zuließen. Naturwissenschaft und Religion können seither als komplementäre, aufeinander bezogene Prinzipien gesehen werden. Man erkannte, dass „Materie" nicht aus „Materie" besteht, sondern letzten Endes aus „Beziehungsstrukturen", die nicht „greifbar" sind und die man deshalb auch „geistig" nennen könnte. In dieser Situation muss der Physiker – neben der Mathematik – auch Metaphern verwenden, um sich verständlich zu machen, ja, eigentlich, um sich selbst zu verstehen. Und damit betritt er eine Ebene, auf der eine sprachliche Verständigung mit dem Teil der Menschheit (oder seiner selbst), dem Religion etwas bedeutet, nicht mehr ganz unmöglich erscheint. Angesichts eines alles verbindenden „Untergrundes", der sich endgültigen Festlegungen entzieht, wird ihm klar, dass letzten Endes nicht nur die Religion, sondern auch die Wissenschaften, in Metaphern und Gleichnissen sprechen.

Hans-Peter Dürr hat sich 50 Jahre lang als theoretischer Physiker mit der Quantenphysik auseinandergesetzt. In seinen Vorträgen, insbesondere der vergangenen zehn Jahre, hat er es immer wieder unternommen, einer breiten Öffentlichkeit ein an den Erkenntnissen der modernen Physik orientiertes Weltbild nahe zu bringen.

Mit der Herausgabe von wesentlichen Teilen dieser Vorträge soll dem Wunsch vieler entsprochen werden, deren Hauptaspekte noch einmal im Rückblick, oder erstmals, zu lesen. Die Vorträge wurden für die Publikation in dem vorliegenden Band zum großen Teil gründlich überarbeitet und neu gefasst.

Darüber hinaus gab es noch einen weiteren Grund, dieses Buch zu machen. Wie Dürr mir erzählte, ergab sich bei diesen Vorträgen immer wieder die von ihm bedauerte Situation: Die Stichworte zur Beziehung des im Vortrag Dargestellten auf die Thematik *Religion* hatte er zwar auf einem „Zettel in der Hosentasche", aber aus Zeitgründen kam er eigentlich regelmäßig nicht so richtig dazu, sie zu behandeln.

Das *vierte und fünfte Kapitel* dieses Buches sind deshalb ausdrücklich dieser Thematik gewidmet, das vierte in einer Zusammenschau gesammelter und für dieses Buch oft neu formulierter Textstellen. Im fünften Kapitel haben wir uns noch viel Zeit genommen, um in einem – zeitweilig auch Persönliches berührenden – Gespräch auf weitere Fragen dieses Zusammenhangs einzugehen.

Das *erste Kapitel* des Buches, das die quantenphysikalische Grundlage für die folgenden Kapitel darstellt, wurde um des einheitlichen Argumentationszusammenhanges willen als durchgehender Text konzipiert. Es besteht in seinem Grundgerüst aus einem 2001 im Institut für Zukunftsstudien und Technologiebewertung in Berlin gehaltenen Jubiläums-Vortrag und aus eingeschobenen Textstellen anderer Vorträge. Dieses Basismaterial wurde dann von Hans-Peter Dürr noch einmal gründlich überarbeitet. Auf diese Weise entstand ein reichhaltiger Text, der einerseits den tragfähigen Bezugsrahmen für die folgenden Kapitel abgibt, aber andererseits auch bereits in wesentlichen Punkten auf die Thematik der anderen Kapitel vorausweist.

Auch das *zweite Kapitel,* das sich mit der Anwendung quantenphysikalischer Erkenntnisse auf die Thematik *Leben* auseinandersetzt, basiert auf zahlreichen Textstellen verschiedener Vorträge. Es wurde ebenfalls vom Autor noch einmal überarbeitet und zu einem fortlaufenden Text ergänzt.

Das *Kapitel drei, Kommunikation, Gesellschaft,* enthält, wie das *vierte,* wesentliche Ausschnitte aus fünfzehn Vorträgen der Jahre 1995 bis 2003. Hier bot sich die Auswahl von Textabschnitten an, die sich jeweils gewissermaßen anekdotisch auf die Erörterungen der ersten beiden Kapitel beziehen. Sie wurden so angeordnet, dass sich gleichwohl ein gut lesbarer Textverlauf ergibt.

Der ökologischen Problematik wurde reichlich Raum gegeben, da diese für Hans-Peter Dürr untrennbar mit den Einsichten verbunden ist, die man traditionell „religiös" nennt.

Die Thematik dieses Buches ist so komplex, dass mehrere Aussagen in verschiedenen Varianten wieder auftauchen. Autor und Herausgeberin sehen darin keinen Nachteil, da immer wieder neu beginnende „Rundgänge" eine Vertiefung dieser umfassenden Gedankengänge leisten können.

Während der Arbeit an dem Manuskript dieses Buches hatte ich einen merkwürdigen Traum. Der situative Zusammenhang in der realen Welt war der folgende:

Den Nachmittag über hatte ich mich mit Hans-Peter

Dürrs Vortragstexten über *Glaube* und *Wissen* auseinandergesetzt. Am Abend hörte ich meine Tochter für eine Biologie-Klassenarbeit ab. Es ging dabei unter anderem um „Brückentiere", das sind Tiere, wie das Schnabeltier, die die Eigenschaften verschiedener Arten, z. B. Vogel und Säugetier, in sich vereinen.

Und danach der Traum: Ich stand mit Dürr am Meer. Auf einer Art Teller hatte ich einen Fisch, der war in der Mitte durchgeschnitten. Auf dem Teller lag nur noch die Hälfte mit dem Kopf. Die Unterseite war weiß und blutend. Aber der Fisch lebte. Wir waren nun überzeugt, wenn es uns gelänge, ihn zurück ins Meer zu werfen, würde er wieder ganz werden, und am Leben bleiben. Wir standen auf einer Art Aussichtsterrasse mit vielen Menschen, die mich in meiner Bewegung behinderten und auf die ich zu viel Rücksicht nahm. Ich suchte einen guten Platz, um den Fisch von dort aus ins Meer zu werfen. Aber ich kam nicht so weit, und der Fisch landete auf den Felsen.

Wir waren uns einig, es – was im Traum möglich erschien – noch einmal zu versuchen.

Sofort nach dem Aufwachen dachte ich: *Man muss weiter werfen!*

Das Schöne an dem Traum war: In der Gegenwart von Dürr schien das möglich.

1. Materie. Energie. Potenzialität

Auf den ersten Blick scheint es erstaunlich: Ein so tiefgreifender Umbruch in unserem Verständnis der Wirklichkeit, wie er durch die Mikrophysik zu Beginn des 20. Jahrhunderts ausgelöst wurde, ist auch heute, mehr als hundert Jahre nach den bahnbrechenden Arbeiten von Max Planck und etwas später von Albert Einstein, in unserer Gesellschaft und ihren Wissenschaften kaum philosophisch und erkenntnistheoretisch rezipiert, und auch im Bereich der Theologie nicht ausreichend wahrgenommen worden. Dies liegt nicht etwa an einem Versagen der neuen Vorstellung: Die Quantenphysik, welche diese neue Entwicklung auslöste, hat in den letzten fast 80 Jahren seit ihrer Ausdeutung durch Niels Bohr und Werner Heisenberg einen beispiellosen Triumphzug durch alle Gebiete der Physik angetreten und sich bis zum heutigen Tage *unangefochten* bewährt. Sie hat in der Folge ungeahnte technische Entwicklungen angestoßen, die unserem Zeitalter, zum Guten oder Schlechten, deutlich ihren Stempel aufgedrückt haben. Was wären die moderne Chemie und die heute allgegenwärtigen Kommunikations- und Informationstechnologien ohne die auf der Quantenphysik basierende Atom- und Molekültheorie bzw. die Mikroelektronik und Halbleitertechnik? Wie anders sähe unsere Welt heute aus ohne die in verschiedener Weise bedrohliche Nukleartechnik mit Kernwaffen und Kernreaktoren, die letztlich auf diese neuen Einsichten zurückgeht? Wie also ist zu verstehen, dass alle diese vielfältigen, überraschenden und gewaltigen Konsequenzen wissenschaftlich und gesellschaftlich akzeptiert wurden, *ohne* dass gleichzeitig auch die in hohem Maße überraschenden Vorstellungen mit übernommen wurden, aus denen die neue Physik im Grunde erst verständlich wird?

Dies hat viele Ursachen. Allen voran: Der Bruch in unseren Anschauungen, zu dem die neue Physik auffordert, ist tief. Er kann nicht einfach als ein Paradigmenwechsel im Sinne von Thomas Kuhn in seinem Buch ‚Structures of Scientific Revolutions‘ interpretiert werden. Deutet diese Physik doch darauf hin, dass die Wirklichkeit, was immer wir darunter verstehen, im Grunde nicht mehr „ontisch" in traditioneller Weise interpretiert werden kann. Die Frage: Was ist, was existiert? verliert ihren Sinn. Wirklichkeit ist keine *Realität* mehr in der ursprünglichen Bedeutung (lat. *res* = Ding) einer dinghaften Wirklichkeit. Wirklichkeit offenbart sich primär nur mehr als *Potenzialität*, als ein noch nicht aufgebrochenes, gewissermaßen unentschiedenes „Sowohl/Als-auch", nur als *Kann-Möglichkeit* für die uns vertraute Realität, die sich in objekthaften und der Logik des „Entweder/Oder" unterworfenen *Erscheinungsformen* ausprägen kann. Potenzialität erscheint als das *Eine* – oder besser: als das *Nicht-Zweihafte* – das sich nicht auftrennen, sich nicht mehr zerlegen lässt. Auf dem Hintergrund unserer gewohnten, durch das klassisch-physikalische Weltbild entscheidend geprägten Vorstellungen klingt dies paradox und eigentlich unannehmbar, da wir prinzipiell immer eine klare Entscheidung, „ja oder nein" (tertium non datur), erwarten. Der Weg zu den neuen Vorstellungen war dementsprechend äußerst mühsam und schmerzhaft. Die Entdecker der neuen Physik, der Quantenmechanik, Planck und Einstein, die dafür mit dem Nobelpreis ausgezeichnet wurden, waren nicht bereit, diesen Weg konsequent zu Ende zu gehen. Obgleich sie die Unausweichlichkeit der Schlussfolgerungen anerkannten, hofften sie bis zuletzt auf einen konventionellen Ausweg. Es war den Jüngsten unter den damaligen Physikern: Werner Heisenberg, Paul Dirac, Wolfgang Pauli und anderen unter ihrem verehrten Kopenhagener Lehrer Niels Bohr vorbehalten, die neue Einsicht in eine konsistente und, in einem gewissen Sinne, überzeugende Gestalt zu bringen. Doch genau betrachtet haben nur wenige die von ihnen entworfene „Kopenhagener Interpretation" der Quantenmechanik zum Anlass genommen, ihre Wirklichkeitsvorstellung letztlich zu revidieren. Und dies nicht in einem Akt bewusster Verweigerung, sondern mehr im Sinne einer unbewussten Verdrängung des so Unvorstellbaren, „weil nicht sein kann, was nicht sein darf".

Dieser Wunsch war und ist verständlich. Dies insbesondere auf dem Hintergrund unserer westlichen Zivilisation, die so stark auf individuell schöpferisches Wirken, auf Veränderung, Handeln, Machterwerb und Machterweiterung ausgerichtet ist und zu deren Grundverständnis es deshalb gehört, sich die Wirklichkeit als objekthafte Realität vorzustellen, um sie in dieser materiell geronnenen und räumlich auftrennbaren Form in den Griff bekommen und zum eigenen Nutzen manipulieren zu können. Durch eine pragmatische, positivistische Einstellung, die vorgibt, auf jegliche „Ideologie" verzichten zu wollen und zu können – wobei in diesem Zusammenhang unter „Ideologie" gerne alles subsummiert wird, was über das direkt Greifbare und quantitativ Messbare hinaus geht – wird intellektuell der Weg geebnet, die wesentlichen philosophischen Aussagen der Quantenphysik zu ignorieren, ohne dabei auf ihre praktischen Folgerungen verzichten zu müssen. Zudem war man ja glücklicherweise in der gewohnten Lebenswelt, dem von uns direkt wahrgenommenen Mesokosmos, um mehrere Größenordungen von jenem Mikrokosmos entfernt, wo sich die Quantenmechanik den forschenden Physikern so unwiderstehlich aufdrängte. Die dadurch nur mögliche vergröberte Wahrnehmung schien diese Paradoxien erfolgreich zu übertünchen. Darüber hinaus sorgten die historisch bedingten, defensiv gewählten Begriffe, welche die neue Physik charakterisieren, wie etwa „Quantenmechanik", „Unschärfe-relationen" u.ä. dafür, die wesentlichen Neuheiten zu relativieren und zu verschleiern.

So entsprang der Begriff des „Quantums" ja einer Untersuchung der Eigenschaften des Lichtes, das durch die berühmten Arbeiten von Faraday und Maxwell bereits in der zweiten Hälfte des 19. Jahrhunderts eindeutig und eindrucksvoll als *Wellenphänomen* eines elektromagnetischen Feldes entlarvt worden war. Auf Grund der Planckschen Entdeckung und der Einsteinschen Interpretation des photoelektrischen Effektes sollte nun aber dieses Licht doch auf einmal wieder, wie vormals bei Newton, *teilchenartige,* „gequantelte" Eigenschaften haben. Diese Feststellung erschien wegen der offensichtlichen Wellennatur des Lichts zunächst völlig unverständlich. Und so war vielleicht doch auch eine gewisse Erleichterung spürbar, dass diesem unbegreiflichen, sich über Raum und Zeit unendlich ausbreitenden Phänomen eines elektromagnetischen Maxwell-Feldes, das nach Einstein sogar jeglichen materiellen Trägers (Äther) entbehrte, nun wieder eine lokal begrenzte und damit „greifbare", dingliche, also reale Grundlage in Form von teilchenartigen Photonen zugeordnet werden konnte.

Der zweite Schritt der Quantenmechanik war deshalb umso erstaunlicher und brachte eigentlich erst die Grundfesten der Physik ins Wanken: Das war die Entdeckung Louis de Broglies, dass sich das im eigentlichen Sinne Materielle, wie es durch die Bausteine der Materie, die Atome und ihre Konstituenten, verkörpert war, nun *umgekehrt* in diese so unbegreifliche Welt des Ausgedehnten, Wellenförmigen verflüchtigte. Es zeigte sich also, dass sowohl Licht als auch Materie eine vom klassischen Standpunkt aus unverträgliche „Teilchen-Welle-Doppelnatur" besitzen.

Licht als elektromagnetische Welle, und auch ein Elektron als Elementarteilchen in der ursprünglichen Auffassung, sind also ganz merkwürdige Zwittergebilde. Sie sind einerseits etwas, das sich lokal greifen lässt – dann nennen wir sie Teilchen (was bei den Photonen nicht so gut klappt, weil sie nur in Bewegung mit Lichtgeschwindigkeit diesen Charakter besitzen, sie existieren in Ruhe nicht) – aber sie verhalten sich andererseits auch wie Wellen, die grenzenlos ausgebreitet sind und Interferenzeigenschaften zeigen. Hatten wir angenommen, Licht sei eine Welle und ein Elektron ein Teilchen, so können nun beide sowohl als Teilchen wie auch als Welle in Erscheinung treten: *Photon* oder *elektromagnetische Welle* das eine und *Elektron* und *Elektronenwelle*, wie in der Beschreibung von Schrödinger, das andere. Die beiden konkurrierenden Beschreibungen „Teilchen-Welle" sind klassisch-physikalisch unverträglich: das eine örtlich eingegrenzt und das andere über den ganzen Raum ausgedehnt. Da ist also etwas im Hintergrund, was weder Teilchen noch Welle ist und in gewisser Weise beides zugleich, was wir nicht konstruieren, uns also auch durch geschicktes Zusammendenken dieser beiden Erscheinungsformen nicht veranschaulichen können. Der Zwitter ist außerhalb unserer Vorstellungsgabe.

Genau betrachtet gerate auch ich, als Beobachter, in dieses Dilemma. Denn die neue Beziehungsstruktur verhindert, dass ich mich als Beobachter ganz aus der äußeren, beobachteten Welt herausziehe, weil ich mich nach der neuen Auffassung unabtrennbar *in* dieser befinde. Es gibt streng genommen nicht mehr das vielteilige materiell-energetische Universum, sondern nur den einen Kosmos, der durch Beziehungsstrukturen charakterisiert ist. Aus ihm kann ich mich nicht mehr einfach herauslösen und sagen: Ich bin außerhalb.

Der scheinbare Widerspruch zwischen dem Teilchen- und dem Wellenbild wurde von Heisenberg mit der Formulierung seiner Unschärfe-Relationen (Unbestimmtheitsbeziehungen) in gewisser Weise „aufgeklärt", aber nur durch den für viele nicht annehmbaren Preis, eben einer *prinzipiellen Unschärfe*. Diese „Un"-Definition suggerierte begrifflich für viele einen *Mangel*, der in den Augen eines Wissenschaftlers in einer Wissenschaft, die sich als „exakt" charakterisiert, bestenfalls nur für ein Übergangsstadium zulässig sein kann und letztlich beseitigt werden muss. Es zeigt sich aber, dass die Situation hier anders betrachtet werden muss. Die Bezeichnung „Unschärfe" im Falle der Quantenmechanik macht nämlich nicht genügend deutlich, dass hierbei mit Unschärfe *nicht* ein Mangel betont werden soll, sondern im Gegenteil dies die Folge eines viel innigeren Zusammenhangs zwischen dem räumlich Gegenwärtigen ist, bei dem in umfassenderer und intimerer Weise „alles mit allem" zusammenhängt, und dies auf einer Zusammengehörigkeit und nicht auf Wechselwirkung beruht. Die „Unschärfe" ist *Ausdruck einer holistischen, einer ganzheitlichen Struktur der Wirklichkeit.* Dies ist für uns unmittelbar einsichtig: Jede Beziehung führt notwendig zu einer Einbuße an Isolation, wobei Isolation wiederum erst Schärfe im Sinne des Exakten ermöglicht. Wir erfahren diese *Komplementarität* in unserem täglichen Leben, wenn wir versuchen, eine Konzentration oder Fokussierung auf ein Detail gleichzeitig mit der Wahrnehmung von Beziehung und Gestalt in Einklang zu bringen. Gerade beim Lebendigen wird überdeutlich, dass das Ganze in einem sehr komplexen Sinne mehr ist als die Summe seiner Teile.

Diese Betrachtung zeigt uns: Die Wirklichkeit, die wir unmittelbar leben und erleben, offenbart sich viel reicher als die Erfahrung, die wir rational zu erfassen und wissenschaftlich zu erkennen versuchen. Dies ist für Menschen, die mystische oder religiöse Erfahrungen gemacht haben, offensichtlich. Aber dies gilt auch viel allgemeiner, wenn wir an die vielfältigen Erfahrungen denken, die uns Kunst in allen ihren Formen vermitteln kann. Wir werden uns dessen noch intimer und umfassender bewusst, wenn uns das so schwer Greifbare als Betroffene unmittelbar anrührt, was wir dann etwa mit Worten wie Liebe, Treue, Vertrauen, Geborgenheit, Hoffnung, Schönheit symbolisieren.

Die eindrucksvollen Erkenntnisfortschritte in den Naturwissenschaften hatten dem gegenüber die besonders in der Aufklärung gehegte Hoffnung verstärkt, dass letztlich und prinzipiell alles in dieser Welt menschlicher Erkenntnis zugänglich sei und der bisher als nicht zugänglich erscheinende Teil sich nur aufgrund seiner größeren Kompliziertheit unseren rationalen Einsichten entzieht.

Diese Haltung kommt z. B. in einem neuen Buch „Consilience – The Unity of Knowledge" („Die Einheit des Wissens") des US-amerikanischen Zoologen Edward O. Wilson zum Ausdruck, wenn er schreibt:

„Ohne Instrumente sind Menschen in einem kognitiven Gefängnis eingesperrt ... Sie sind wie intelligente Fische, die sich ... über die äußere Welt wundern ... Sie erfinden geniale Spekulationen und Mythen über den Ursprung des sie einschließenden Wassers, über die Sonne und den Himmel und die Sterne über ihnen, und über den Sinn ihrer Existenz. ... *Aber alles ist falsch, sie irren sich immer, weil die Welt zu weit weg ist von ihrer täglichen Erfahrung, um bildlich einfach erfasst zu werden.*"

Wilson ist mit dieser Aussage zweifellos auf der richtigen Fährte, aber er irrt sich, wenn er glaubt, dass er sich durch geeignete „Instrumente" von diesem Mangel befreien kann. Wir sind in eine Wirklichkeit eingebettet, die prinzipiell keinen Reduktionismus mehr zulässt, so dass jede Analyse letztlich den tieferen Zusammenhang verletzt.

Die aus der rationalen Reflexion geborene Erkenntnistheorie hat frühzeitig darauf aufmerksam gemacht, dass ein strukturiertes System sehr wohl Untersysteme bewerten kann, aber nicht Systeme, die ihm übergeordnet sind. Wir können nicht unmittelbar begreifen, was das Vermögen unserer Denkprozesse überschreitet. So wie wir den blinden Fleck in unserem Auge nicht ohne einen Kunstgriff wahrnehmen können, weil wir, von Geburt an, an ihn gewöhnt sind, fällt es uns schwer, ohne besondere Hinweise die Beschränkungen unserer gewohnten Einsicht zu erkennen. Diese Beschränkungen sollten aber nicht nur als ärgerliche Hindernisse gesehen werden: Für das Überleben unwesentliche Informationen *nicht* wahrzunehmen, ist auch höchst lebensdienlich, ja für ein tatsächliches Überleben sogar eine wesentliche Voraussetzung.

Diese Überlegungen sollen zeigen: Es ist grob unzulässig und falsch, unsere Wahrnehmung der Wirklichkeit mit der Wirklichkeit schlechthin gleichzusetzen. Genau dies passiert jedoch, wenn wir wissenschaftliche Erkenntnis als allumfassend und unbeschränkt gültig betrachten. Die Einsicht in diese Situation gehört zur Kernaussage dieses Buches. Ich möchte sie hier mit einer Parabel des englischen Astrophysikers Sir Arthur Eddington beschreiben. Diese ist inzwischen wohlbekannt und macht es leicht, diesen Zusammenhang zu veranschaulichen.

Eddington vergleicht einen Naturwissenschaftler, oder allgemeiner einen rational Denkenden, mit einem Ichthyologen, einem Fischkundler, der das Leben im Meer erforschen will, indem er Fische fängt. Nach vielen Fischzügen und sorgfältigen Überprüfungen seiner reichen Beute, einer Vielzahl von Fischen, entdeckt er zwei Regelmäßigkeiten: 1. Alle Fische sind größer als zwei Zoll und 2. Alle Fische haben Kiemen. Er nennt diese Regelmäßigkeiten Grundgesetze, weil sie sich ohne Ausnahme bei jedem Fang bestätigten. Ein Metaphysiker, dem er seine große Entdeckung freudig verkündet, erklärt ihm, dass seine Aussage über die Kiemen gute Chancen für ein Grundgesetz haben könnte, aber dass dies zunächst, wegen der zeitlich begrenzten Testreihe, nur mit einer gewissen Wahrscheinlichkeit gilt. Die erste Regelmäßigkeit sei aber gar kein Grundgesetz, da diese Aussage durch die 2-Zoll Maschenweite seines Netzes unmittelbar bedingt sei. Der Ichthyologe lässt aber diesen Einwand nicht gelten mit der Feststellung: „In der Ichthyologie gilt: Was ich mit meinem Netz nicht fangen kann, ist kein Fisch!".

Diese Parabel ist zur Beschreibung der Situation der Wissenschaft lehrreich, wenn auch nicht ausreichend.

Um wissenschaftliche Erkenntnisse zu etablieren, benützen wir Wissenschaftler immer ein Netz, obwohl die meisten von uns sich über die Existenz und die Art des Netzes nicht im klaren sind. Dieses Netz symbolisiert nicht nur das methodische und instrumentelle, sondern vor allem auch das gedankliche Rüstzeug, mit dem wir wissenschaftlich arbeiten. Unser wissenschaftliches Denken ist wie alles Denken immer fragmentierend und analysierend. Alles, was wir untersuchen und verstehen wollen, zerlegen wir. Und das ist auch in unserer Lebenswelt eine sehr vorteilhafte und erfolgreiche Methode, an komplizierte Dinge heranzugehen. Unsere fragmentierende Denkweise ist selbstverständlich nicht zufällig. Sie hat sich in einer langen stammesgeschichtlichen Evolution langsam herausgebildet, und dies nicht im Hinblick auf ihre Eignung, eine komplizierte Wissenschaft über die Welt im Großen und Kleinen zu treiben, sondern zunächst einmal vor allem, um uns Menschen auf dieser Erde unter den hier vorgegebenen äußeren Umständen eine Überlebenschance zu geben. Das heißt grob gesagt: Unser Denken ist dafür angepasst, den „Apfel am Baum wahrzunehmen und im reifen Zustand zu greifen", mit dem wir uns ernähren und nicht dazu, den Kosmos zu erklären oder Atomphysik zu treiben. Wenn wir es trotzdem tun, dürfen wir uns nicht wundern, dass die Atome für uns letztlich immer so wie kleine Äpfel aussehen, und die Sterne wie sehr große; alles erscheint als greifbare Materie, weil dies die einzige Art und Weise ist, wie wir uns die Wirklichkeit *anschaulich* vorstellen können.

Dass wir bei unserer Beschreibung der Wirklichkeit immer mit einem Netz arbeiten, also notwendig ein Bezugssystem benützen müssen, war den Philosophen schon immer bekannt. Die Relevanz dieser Erkenntnis wurde dann aber dramatisch deutlich, als man in der Physik zu verstehen suchte, welche Bewandtnis es eigentlich mit der Struktur der zunächst als unteilbar betrachteten Atome hat, in deren Hülle man die noch kleineren Elektronen entdeckte, die, je nach der Art und Weise des Experiments, sich einmal als Teilchen oder einmal als Welle gebärdeten. Je nach Messmethode offenbart sich also dasselbe „Objekt" in zwei verschiedenen Erscheinungsformen, die im Rahmen unserer üblichen Objekt-Vorstellung auf keine Weise miteinander in Einklang gebracht werden können. Es ist uns geläufig, dass wir, wenn wir vor einem Haus stehen, je nachdem, ob wir es von vorne oder von der Seite ansehen, zwei recht verschiedene *flächige* Bilder vor uns haben. Wir können diese beiden Ansichten leicht widerspruchslos durch eine *räumliche* Vorstellung des Hauses versöhnen, in der die beiden Bilder dann verschiedenen *Projektionen* entsprechen. Im Gegensatz dazu gibt es aber bei einem Teilchen der Mikrowelt keine Möglichkeit die Vorstellung einer Partikel und einer Welle in Form etwa eines „Wellikels" oder dergleichen so zu vereinigen, dass wir es uns auch noch anschaulich vergegenwärtigen könnten.

Dieses Beispiel zeigt uns: Eine Beobachtung kann letzten Endes nur unzureichend mit der Metapher eines Fischernetzes beschrieben werden, das im wesentlichen nur eine Auswahl („größer als zwei Zoll") unter den Fischen trifft und deshalb den Charakter einer Projektion besitzt. Wer wirklich Fische fängt und mit dem Leben im Meer etwas vertraut ist, weiß selbstverständlich, dass die Ichthyologen-Parabel nur ein stark vereinfachtes Gleichnis für den echt erlebten und getätigten Fischfang ist. Mit dem Fischfang zerreißt der Fischer lebendige Zusammenhänge in der Lebenswelt der Fische, die bei seiner „wissenschaftlichen" Beschreibung ganz unberücksichtigt bleiben. Auch die Behauptung, dass er überhaupt nie einen Fisch kleiner als zwei Zoll in seinem Netz beobachtet hat, wird jeder echte Fischer seiner Unachtsamkeit zuschreiben, da hin und wieder doch kleinere Fische mit ihren Flossen an den Netzfäden hängen bleiben und erst beim Herausziehen unbeachtet wieder ins Wasser fallen. Aber diese winzigen Unstimmigkeiten stören kaum die wesentliche Aussage der Parabel. Gleichnisse dienen nicht dazu, reale Situationen genau zu beschreiben, sie dürfen nie „wörtlich" genommen werden, sondern sie sollen die charakteristischen und für uns wesentlichen Merkmale hervorheben und in ihrem Zusammenhang deutlich machen. Dabei werden bewusst Feinheiten ignoriert. Vereinfachung auf das „jeweils Wesentliche" ist in jeder Situation eine unverzichtbare Methode mit Komplexität konstruktiv umzugehen, wobei der Haken ist, wie denn das „jeweils Wesentliche" erkannt werden kann. Den unvermeidbaren Verlust an Kenntnissen und Einsichten suchen wir auszugleichen, indem wir mit möglichst vielen Netzen verschiedener Maschenweite fischen.

Den verschiedenen Netzen entsprechen in der Wissenschaft die verschieden Paradigmen oder Bezugssysteme, die wir unserer Betrachtung und Beobachtung zu Grunde legen. Die Nichtvereinbarkeit der komplementären Darstellungen von Teilchen und Welle macht deutlich, dass wir hier mit unserer Netz-Metapher nicht weiterkommen. Wir brauchen dazu ein Gleichnis, das uns deutlich macht, dass der Akt der Beobachtung einen tieferen Eingriff bewirkt als ein Fischfang, nämlich einen Eingriff, der zu einer Qualitätsänderung des Umfeldes, in dem wir beobachten, zu einer Deformation der dahinterliegenden nicht-begreifbaren Wirklichkeit führt. Wenn wir etwas bewusst wahrnehmen oder verschärft: wenn wir Wissenschaft treiben, dann verwenden wir also nicht nur ein Netz, sondern mehr so etwas wie einen Fleischwolf: Wir stopfen oben die Wirklichkeit hinein, drehen an einem Hebel herum, zerhacken alles klitzeklein, pressen die ganze Masse durch eine vorgeformte Lochscheibe und heraus kommen vorne je nach Lochscheibe verschiedenartige Würstchen oder Nudeln. Naiv schließen wir daraus: Die Wirklichkeit besteht aus bestimmten Würstchen oder Nudeln oder was auch immer, je nachdem, welche Darstellungsform (Lochscheibe) wir am Ende verwenden. Das stimmt aber gar nicht, wenn wir das Endprodukt mit dem ursprünglich oben Hineingestopften vergleichen. Das Ergebnis unserer Beobachtung (die „Würstchen" etc.) ist wesentlich ein Produkt der speziellen Art des Beobachtungsprozesses, unserer Art der Wahrnehmung und der speziell ausgewählten Erkenntnisstruktur. Es ist kein getreues Abbild der dahinter verborgenen oder vermuteten „eigentlichen Wirklichkeit". Dass ich hierbei das hässliche und brutale Beispiel eines Fleischwolfes verwende, geschieht nicht ohne Absicht. Eigentlich müsste ich sogar, wie später noch deutlich werden soll, die Wirklichkeit nicht nur mit der hochdifferenzierten, organismischen Struktur von Fleisch vergleichen, sondern eine geeignete Metapher finden, welche auch die Lebendigkeit der Beziehungen im Kosmos mit zum Ausdruck bringt.

Die experimentellen Befunde der modernen Physik – und dort anfänglich gerade auf einem Gebiet, der Mechanik, wo alles als recht simpel und übersichtlich galt und wo sich überzeugend einfache Naturgesetze ermitteln ließen – haben uns also zur überraschenden Einsicht gezwungen: Alles, was wir durch direkte Beobachtungen oder durch Abstraktion unserer Wahrnehmungen als Wirklichkeit betrachten und in der Naturwissenschaft als (stoffliche) Realität beschreiben, darf in dieser Form nicht mit der eigentlichen Wirklichkeit, was immer wir darunter verstehen wollen, gleichgesetzt werden.

Mit dieser Sprechweise verwenden wir allerdings die idealistische Sprechweise des Metaphysikers. Gegen diese verwahrt sich der positivistische Ichthyologe, indem er etwa antwortet: „Du magst ja recht haben, vielleicht gibt es in irgendeinem Sinne diese kleineren Fische, aber warum soll mich das interessieren? Es ist doch vernünftig und für unsere menschliche Kommunikation wesentlich, sich auf das zu beschränken, worüber ich mich objektiv und eindeutig mit anderen verständigen kann. Im übrigen, ganz praktisch gesehen, wenn ich auf den Markt gehe, um meine Fische zu verkaufen, hat mich noch nie jemand nach einem Fisch gefragt, den ich nicht fangen kann." Diese letztere Argumentation ist uns gerade heute sehr geläufig: Die Ökonomie legt prinzipiell keinen Wert auf Dinge, die man nicht tauschen und nicht vermarkten kann. Sie ordnet das, was nur subjektiv erfahrbar ist, ganz dem „Privaten" zu, das letztlich unverbindlich dem Einzelnen überlassen bleiben soll.

Die Reduktion der Wirklichkeit auf das objektiv Feststellbare ist vom pragmatischen Standpunkt aus vorteilhaft. Es wird keine unentscheidbaren Streitereien geben. Aber es bedeutet noch lange nicht, dass das prinzipiell Unbegreifbare dadurch unwesentlich für unsere persönlich erfahrbare Wirklichkeit wird oder sogar sein muss. Wissen wir doch: Der Mensch lebt nicht vom Brot allein! Wir alle erleben täglich, dass unsere unmittelbare Erfahrung viel reicher und umfassender ist, als was wissenschaftlich begriffen und bewiesen werden kann. Überlegen Sie selbst, entspricht nicht das meiste, was uns wirklich wichtig und wesentlich im Leben ist, „Fischen, die wir nicht fangen können"? Und warum sollen wir nicht diese „Gewissheit" in geeigneter Weise auch als Ausdruck eines (offeneren) „Wissens" auffassen. Hier bietet sich die Möglichkeit, dem Religiösen und Numinosen, dem intuitiv und auch künstlerisch Erfahrbaren wieder einen eigenständigen Wert zuzuordnen und ihnen, entsprechend ihrer Bedeutung und neben dem naturwissenschaftlich Beweisbaren, eine angemessene Rangordnung in unserem persönlichen Leben und im Rahmen unserer Gesellschaft zu geben.

Viele bestreiten heute die Gültigkeit dieser Ansichten und betrachten die gegenwärtige Situation nur als ein Zwischenstadium einer sich weiter beschleunigenden geistigen Evolution, der keine Geheimnisse auf Dauer verschlossen bleiben werden. Dies mag weitgehend richtig sein, aber besagt nicht, dass es auf alle uns sinnvoll erscheinenden Fragen, die wir im Mesokosmos, in unserer Lebenswelt uns stellen können, auch eine sinnvolle Antwort im allumfassenden Kosmos gibt. Wir können nicht *die* Wirklichkeit, über die wir notgedrungen nur objektiv als äußerer Beobachter in einer Außenansicht sprechen, ohne ein Bezugssystem genau beschreiben. Deshalb bleiben wir immer in dieser Beschränkung gefangen. Netze, die beweisbares Wissen möglich machen, definieren gleichzeitig auch die prinzipiellen Grenzen dieses Wissens. Die Wissenschaft basiert auf fragmentierendem Denken.

Die sogenannte exakte oder quantifizierende Wissenschaft geht sogar noch ein Stück weiter. Sie formuliert, wie unser Ichthyologe, quantitative Aussagen wie: Ein Fisch ist größer als zwei Zoll. Die Aussage ist letztlich nur: größer als „zwei", eine Zahl in einer Beziehung zwischen einem Fisch und einem Stück Holz, das als Messlatte dient. Die „wissenschaftliche" Aussage hier sagt also nichts darüber aus, *was* ein Fisch und *was* ein Stück Holz ist. Die Wissenschaft versteht primär beides nicht. Die Aussage erschöpft sich im „Wie", einer Bewertung einer Beziehung, und verschweigt das „Was", d. h. es wird vermieden, eine Aussage über das Wesen der Substanz zu machen. Durch diese Beschränkung ist Quantifizierung, durch Zahlen bemessene Exaktheit, und, als weitere Konsequenz, eine scharfe mathematische Formulierung der exakten Naturwissenschaften möglich. Obgleich die moderne Wissenschaft eindrucksvoll zeigt, dass ein „Was" letztlich eine gewisse Erklärung in Kombination von „Wie"-s findet, ist doch gut nachvollziehbar, warum diese so reduzierte Wirklichkeitsbeschreibung nur noch sehr bedingt mit der Realität zu tun hat, die uns in unserem Alltag begegnet.

Nach diesen, das Wesentliche vorwegnehmenden Bemerkungen möchte ich noch etwas genauer auf den Unterschied der Quantenphysik zur klassischen Physik eingehen, um den *revolutionären* Charakter der neuen Betrachtung deutlicher zu machen.

Nach der klassisch-mechanistisch-atomistischen Vorstellung besteht die Welt aus einer großen Anzahl von nicht mehr weiter zerlegbaren, strukturlosen und unzerstörbaren Bausteinen, von irgendwelchen „Atomen". „Atome" sollen hierbei nicht die Atome im geläufigen Sinne, die Bausteine der chemischen Elemente, bedeuten, sondern, in der ursprünglichen Bedeutung dieses Wortes, abstrakte, „nicht-teilbare" kleinste Bausteine der Materie. Als „reine Materie ohne Form" sollen sie also „Objekte" darstellen, die zeitlich unveränderlich sind, also über alle Zeiten mit sich selbst identisch bleiben. Die Zeit wird bei dieser Vorstellung als wesentliche Anordnungsstruktur von Anfang an vorgegeben. Das zeitlich Unveränderliche, das „Beharrende", spielt in dieser Vorstellung eine besondere Rolle und wird von uns als wesentliche Eigenschaft der „Materie" begriffen, sogar mit dieser versinnbildlicht. Die zeitlich unveränderlichen Bausteine der Materie verbürgen bei dieser Vorstellung gewissermaßen die *zeitliche Kontinuität* unserer Welt.

Das Weltgeschehen besteht bei dieser Auffassung nur in einer komplizierten Durchmischung und Umordnung dieser vielen Atome. Diese Mischprozesse sind nun in einem mechanistischen Weltbild nicht zufällig, sondern gehorchen ganz bestimmten Gesetzen. Für die Erfassung der materiellen Wirklichkeit würde es unter diesen Umständen deshalb ausreichen, aus der genauen Kenntnis des Zustands der Welt zu einem bestimmten Zeitpunkt, z. B. im jetzigen Augenblick, der Gegenwart, *prinzipiell* das Vergangene voll zu rekonstruieren und das Künftige eindeutig vorherzusagen. Eine strenge Determiniertheit des Weltgeschehens würde – wenn man auch die belebte Welt und die Menschen mit in diese Gesetzmäßigkeit einbezieht – *keine Freiheit des Handelns* mehr zulassen. Das Weltgeschehen würde unbeeinflussbar wie ein Uhrwerk ablaufen. Darüber hinaus bestünde auch kein prinzipielles Verständnis dafür, was die „Gegenwart" als singulär wichtigen Zeitpunkt auf der unendlichen Zeitskala von frühester Vergangenheit zu spätester Zukunft auszeichnen soll.

Praktisch wird es selbstverständlich gänzlich unmöglich sein, sich eine vollständige Kenntnis der Welt zu einem bestimmten Zeitpunkt zu verschaffen. Wir würden also auch in diesem klassischen Fall mit einer entsprechenden Ungewissheit leben müssen. Auch ist zu betonen, dass darüber hinaus bei Systemen mit eingeprägten Instabilitäten diese Ungewissheit schon bei kleinsten Ungenauigkeiten sehr groß werden kann („chaotische" Systeme), wodurch, trotz gesetzlich streng gültiger Determiniertheit, verlässliche Prognosen unmöglich werden können. Wegen dieser enormen „Störanfälligkeit" kann so faktisch eine gewisse Freiheit vorgetäuscht werden.

Die *klassische Welt* ist „ontisch": sie existiert! Sie konfiguriert sich *primär* aus in einem dreidimensionalen Raum verteilter, ewig existierender reiner Materie, die aus gestaltlosen

Materie-Teilchen besteht. Eigentlich ist es nicht zulässig, schon von einem Raum und von Teilchen zu sprechen, denn zunächst ist jedes dieser Materieteilchen seine eigene Welt, die beziehungslos zu den anderen Teilchen, anderen Welten, existiert. Diese materie-erfüllte dreidimensionale Welt verändert sich nun ständig in einer weiteren Dimension, die wir Zeit nennen. Die Zeit ist nicht einfach eine vierte Dimension einer größeren, vier-dimensionalen Raum-Zeit, denn sie bleibt uns im wesentlichen verschlossen. Wir erleben von ihr nur das jeweilige „Jetzt!", die Gegenwart, während uns der drei-dimensionale Raum spontan in allen Dimensionen zugänglich erscheint. Diese eigenartige Raum-Zeit-Struktur wird erst *sekundär* mit dem Hinzukommen einer Wechselwirkung zwischen diesen Teilchen wirksam, indem nun diese Vielzahl von Materiebrocken sich einem gemeinsamen Universum, einem gemeinsamen Ganzen zuordnen, von dem sie nun Teile sind; jetzt können sie „Teilchen", im Sinne von kleinen Bestandteilen, genannt werden, angesiedelt in einem gemeinsamen Raum und in einer Anordnung, die sich im Laufe der Zeit verändert. Es bleibt zunächst offen, was Wechselwirkungen bedeuten und in welcher Beziehung sie zum Materiellen stehen. Sie hängen mit Eigenschaften der Teilchen (so auch mit ihrer Masse, aber dann auch mit elektrischer Ladung etc.) zusammen, und sie treten in Form von Fernkräften oder Nahkräften in Erscheinung. Die sekundär eingeführte Wechselwirkung bestimmt auf gesetzmäßige Weise die zeitliche Veränderung der Anordnung der Materie im Raum und erzeugt somit, nachgeordnet zur Materie, die äußere Form von verbundenen Materiehaufen.

Die Vorstellungen der *modernen Physik* sind dem gegenüber radikal anders. In der Quantenphysik gibt es das Teilchen im alten klassischen Sinne nicht mehr, d. h. es existieren im Grunde *keine* (kleinsten) zeitlich mit sich selbst identischen Objekte. *Damit geht die ontische Struktur der Wirklichkeit verloren.* Die Frage: *Was ist, was existiert?* wird dynamisch verdrängt durch: *Was passiert? Was wirkt?* Das Primäre ist nicht mehr die reine Materie, die, selbst gestaltlos, den Raum besetzt; es gilt nicht mehr „Wirklichkeit als Realität", sondern im Grunde dominiert die immaterielle Beziehung, reine Verbundenheit, das Dazwischen, die Veränderung, das Prozesshafte, das Werden, eine „Wirklichkeit als Potenzialität". Mit dieser Symbolisierung sollen nicht nur die Möglichkeiten, sondern auch die Potenz, das Vermögen und der „Wille" zur Manifestierung angedeutet werden.

Die Umkehr des Primats der *Materie über die Form* gewissermaßen in ein Primat der *Form über die Materie* (Form nicht als etwas Äußeres, sondern als innere Gestalt verstanden) ist für uns nicht leicht verständlich. Wie sollen wir uns eine Beziehung oder Verbundenheit vorstellen, wie sie denken, ohne nicht zuerst das zu benennen, was aufeinander bezogen ist oder verbunden werden soll? Dabei gibt es solche nicht materiellen Beziehungs-Erfahrungen heute zuhauf. So benutzen viele von uns ein Handy. Wie funktioniert ein Gespräch, das wir mit einem Partner in New York, tausende Kilometer entfernt von hier führen? Da gibt es keinen Draht, der uns materiell verkoppelt. Die Verbindung gelingt durch ein unsichtbares elektromagnetisches Feld, einen „Äther", wie wir meinen, der schwingt. Aber nein! diesen Äther gibt es nicht. Das hat uns Albert Einstein gelehrt. Das elektromagnetische Feld ist immateriell, es ist ein Vakuum. Es ist ein „Nichts", das schwingt. Wir könnten keine Sterne sehen, wenn Licht, wie Schall, einen materiellen Träger bräuchte. Unser Handy verwandelt unser Gespräch in charakteristische „Dellen" dieses „Nichts", welches das angewählte cellphone unseres Partners (aufgrund eines codes, einer phantastischen „Mustererkennung") als die ihm zugedachten Dellen oder Deformationen erkennt. Das ist fast so, wie wenn wir am Atlantik stehen und einen Stein ins Meer werfen. Es gibt eine Wellenbewegung und unser Partner in Amerika, in New York, sieht das Wasser am Atlantikstrand und schließt aus der speziellen Veränderung der Wellenbewegung: Da kommt mein Gespräch und ich nehme es an. Wir machen uns solche Vorstellungen nicht bewusst, es würde uns vor Erstaunen schwindlig machen. Wir geben uns zufrieden mit der positiven Antwort auf die banale Frage: Funktioniert es oder nicht?

Die Gestalt, die innere Form, ist grundlegender als die Materie. Dies verführt uns zu einer Analogie aus unserer erweiterten, menschlichen Erfahrungswelt: Die Grund-Wirklichkeit hat mehr Ähnlichkeit mit dem unfassbaren, lebendigen Geist als mit der uns geläufigen greifbaren stofflichen Materie. Die Materie erscheint mehr als eine „Kruste" des Geistes. Ich betone nochmals: Dies ist zunächst nur als Gleichnis gemeint, denn Worte wie Geist und Lebendigkeit kommen in der Physik nicht vor.

Im Grunde gibt es also nur Gestalt, eine reine Beziehungsstruktur ohne materiellen Träger. Wir können vielleicht auch sagen: *Information*. Information lässt sich nicht greifen. Aber es ist bemerkenswert, dass wir eine Struktur haben, die sich - wenn sie sich genügend verdichtet, sich wechselseitig „versklavt" oder „inkohärent" wird –wie Materie anfühlt und uns vorgaukelt, wir könnten sie vollständig greifen. *Die Wirklichkeit ist aber Potenzialität*, nur Kann-Möglichkeit, sich materiell-energetisch zu manifestieren. Die Beziehungsstruktur ist grundlegender als die Existenz des jeweils aufeinander Bezogenen.

Die ursprünglichen Elemente der Wirklichkeit sind also reine *Beziehungsstrukturen*, keine materiellen Atome oder Elementar-teilchen, sondern prozesshafte „Passierchen" oder „Wirks"(Wortschöpfungen für „was passiert" und „was wirkt"), Artikulationen von Wirkungen und Gestalt.

Es gibt gar nichts Seiendes, nichts, was existiert. Es gibt nur Wandel, Veränderung, Operationen, Prozesse. Wir verkennen in diesem Zusammenhang die Bedeutung von „Wandel" und „Veränderung", wenn wir sie sprachlich korrekt auffassen und ontologisch beschreiben als: „A hat sich in der Zeit in B verwandelt". Denn es gibt im Grunde weder A noch B noch Zeit, sondern nur die Gestaltveränderung, nur die Metamorphose. Doch müssten wir eigentlich darüber ganz anders sprechen. Wir müssten alle Substantive vermeiden und nur in Verben sprechen. Das Substantiv ist wie ein Zugriff, ein Sich-Bemächtigen, ein Symbol der sich schließenden, trennenden Hand, wodurch es zum Begriff erstarrt.

Mit der Nichtexistenz von lokalisierbaren, abtrennbaren Objekten gibt es keine Möglichkeit mehr, von Teilen, im Sinne von Bestandteilen, zu sprechen. Die Welt ist ein nicht-auftrennbares Ganzes, ein Nicht-Zweihaftes, eine Adualität (oder in *sanskrit*: Advaita, wobei die Vorsilbe a- nicht die Negation von dvaita = Zweiheit sondern die Nicht-Anwendbarkeit einer Qualität des Teilens besagt), ein Kosmos, der alles mit allem unauflösbar, irreduzibel verbindet.

Materie ergibt sich sekundär als Phänomen durch eine Art Verbindung von Verbundenheit. Gestalt ist also nicht Form, eine Anordnung von Materie, sondern umgekehrt: Materie ist gewissermaßen eine Verklumpung von Gestalt oder Verknotung von Verbindungen. *Materie ist nicht aus Materie aufgebaut.* Es gibt damit streng genommen auch nicht mehr die für uns so selbstverständliche, zeitlich durchgängig existierende, von materiellen Objekten weiter getragene, objektivierbare Welt. Was zukünftig geschieht, ist das Ergebnis einer Überlagerung vieler ausgebreiteter, wellenartiger Erwartungsfelder, deren Intensitätsverteilung die Wahrscheinlichkeit von zukünftigen für uns erkennbaren und instrumentell messbaren materiell-energetischen Ausprägungen bestimmt.

Es gibt nicht mehr das teilchenartige Elektron, das auf einer bestimmten Bahn von einem Raumpunkt zu einem anderen läuft. Es gibt nur eine Verknüpfung von elektron-artigen Ereignissen: Ein, wegen der prinzipiellen Unschärfe, etwas „ausgeschmiert" erscheinendes Elektron, verschwindet an einem Punkt, und etwas später, an einer anderen, nicht genau bestimmten Stelle, entsteht wieder ein Elektron. Es ist wie ein spontanes Abtauchen und späteres, mit bestimmten Wahrscheinlichkeiten an anderen Stellen Wieder-Auftauchen, ohne dass etwas die Zwischenpunkte der beiden Ereignisse auf einer Bahn durchlaufen hat. Die Logistik dieses Doppelphänomens, des Verschwindens und Entstehens, ist diesem eigenartigen potentiellen Wellenfeld anvertraut, einem „Erwartungsfeld", an dessen Entstehen streng genommen alles in der Welt beteiligt ist. Dies ist kein Energiefeld, sondern mehr ein über die ganze Welt ausgedehntes (nicht an den drei-dimensionalen Raum gebundenes), grenzenloses Informationsfeld, das eine Beziehungsintensität misst und das mit der Entstehungswahrscheinlichkeit von zukünftigen materiell- energetischen Ereignissen zusammenhängt.

Dieses komplexe Ineinander von allem ist schwer vorstellbar. Vielleicht hilft hier als Gleichnis die Vorstellung eines unbegrenzten Meeres mit vielen Wellen. Die ganze komplizierte Wellenstruktur eines solchen Ozeans ist eine Überlagerung von ununterscheidbaren vielen verschiedenen Wellen, die von einem ins Wasser geworfenen Stein und der an einem Felsen zerschellenden Brandung und unendlich vielen anderen Ereignissen ausgelöst wurden.

Dies alles ist nicht leicht zu veranschaulichen. Die Grundaussage ist überraschend und für viele beängstigend: Das zukünftige Geschehen ist in seiner zeitlichen Abfolge *nicht mehr determiniert*, nicht mehr eindeutig festgelegt, sondern es bleibt in gewisser Weise *offen*. Die Offenheit entspricht jedoch nicht totaler Beliebigkeit: Die möglichen Prozesse sind

durch bestimmte Gestaltforderungen, Symmetrien eingeengt, die sich phänomenologisch in den sogenannten „Erhaltungssätzen" äußern, wie etwa, dass die Gesamtenergie
oder die Gesamtladung sich zeitlich nicht ändern dürfen.
Die Beliebigkeit ist jedoch auch wesentlich eingeschränkt
durch eine allgemeine dynamische Tendenz, die durch bestimmte, determinierte Wahrscheinlichkeiten für mögliche
zukünftige Ereignisse zum Ausdruck kommt. Hierdurch
entsteht eine Art Zwischenstellung zwischen dynamischer
Offenheit und Determiniertheit.

Das Naturgeschehen ist also kein mechanistisches Uhrwerk mehr, sondern hat mehr den Charakter einer *fortwäh-
renden kreativen Entfaltung*: „Die Welt ereignet sich in jedem
Augenblicke neu!" Dieser Prozess entspricht jedoch keinem
Entfalten im ursprünglichen Sinne eines „Auswickelns" von
schon Existierendem, so wie wenn wir ein zerknülltes Papier
entfalten und glatt streichen, um es besser entschlüsseln und
lesen zu können. Hierbei würde ja nichts Neues geschrieben,
nichts erfunden, sondern nur entdeckt. Wirklichkeitsgesche-
hen basiert vielmehr auf genuinen, *echt kreativen* Entste-
hungs- und Vernichtungsprozessen. Die Welt erscheint dabei als eine *Einheit*, als ein einziges Geschehen, das sich
nicht mehr streng als Summe von Teilzuständen deuten lässt.
Die Welt „jetzt" ist nicht mit der Welt im vergangenen Augenblick materiell identisch. Andererseits bleiben gewisse
Gestalteigenschaften (Symmetrien) zeitlich unverändert,
was phänomenologisch eben in Form von Erhaltungssätzen
zum Ausdruck kommt. Auch *präjudiziert* die Welt „im vergangenen Augenblick" die Möglichkeiten zukünftiger Welten, die Tendenz ihrer möglichen Wandlungen, auf solche
Weise, dass bei einer gewissen vergröberten Betrachtung es
so *erscheint*, als bestünde sie aus Teilen und *als ob* bestimmte
materielle Erscheinungsformen, z. B. Elementarteilchen,
Atome etc. ihre Identität in der Zeit bewahren. Materie er-

scheint gewissermaßen als geronnene Potenzialität, als geronnene Gestalt.

Aus der Sicht der Quantenphysik ist also die Zukunft prinzipiell offen, prinzipiell unbestimmt; die Vergangenheit dagegen ist festgelegt durch Fakten, die durch irreversible makroskopische Prozesse erzeugt oder gemacht (lat. *factum* = das Gemachte) werden. Wir erfahren als Vergangenheit definitiv nur, was objekthaft und in der Gegenwart in Form dinglich ausgeprägter Fakten dokumentiert ist. Die Gegenwart bezeichnet den Zeitpunkt, wo Potenzialität zur Faktizität, Möglichkeit zur Tatsächlichkeit gerinnt. Eine Extrapolation in die Zukunft ist in wesentlichen Aspekten prinzipiell nicht mehr möglich. Die Zukunft ist also nicht etwas, das einfach hereinbricht, sondern die Zukunft wird *gestaltet* durch das, was jetzt passiert. Es gibt andererseits keine totale Beliebigkeit. Der Grad der Offenheit wird einerseits durch eine strenge Korrelation von allem mit allen eingeengt, andererseits aber durch eine im „Wellenbild" angelegte, unendlich mehrwertige „Sowohl/Als-auch"-Logik wieder aufgeweicht, welche die uns gewohnte starre zweiwertige Logik „Entweder/Oder", „Ja/Nein" ablöst.

Die bekannte klassische Urknalltheorie ist aus meiner Sicht eine wunderschöne und vielleicht auch gute Beschreibung der Entwicklung unseres Kosmos, aber wohl erst *nachdem* es einmal geknallt hat und das Universum, nach heutigen Extrapolationen vor etwa 15 Milliarden Jahren, aus einem winzig kleinen superheißen Punkt innerhalb einer von ihm selbst erzeugten vierdimensionalen Raum-Zeit auseinander gestoben ist. Das Unbefriedigende an dieser Vorstellung ist vor allem der Urknall selbst, was mit der noch immer klassischen Beschreibung dieser Kosmogonie zusammenhängt. In diesen anfänglichen Urknall muss nämlich alles Wesentliche hineingeheimnist werden, was später daraus hervorgehen soll. Die klassische Physik kennt ja nur strenge

Gesetze, und die zeitliche Entwicklung gleicht deshalb einem sturen Ablauf eines einmal angestoßenen Uhrwerks. Das ist offensichtlich zu eng. Da die klassische Beschreibung aus Konsistenzgründen letztlich immer in die umfassendere und allgemeinere Quantenphysik eingebettet werden muss, besteht auch gar keine Notwendigkeit den Kosmos im Großen so ungebührlich klassisch zu fesseln. Denn wir wissen ja schon von der Quantenphysik, dass die Wirklichkeit im Grunde wesentlich offen und deshalb in einem gewissen Sinne kreativ angelegt ist.

In der naturwissenschaftlichen Beschreibung wehren wir uns beim Zeitablauf immer etwas gegen das wirklich Kreative, nicht nur weil uns die strenge Kausalität so offensichtlich erscheint, sondern weil sie eine wesentliche Grundvoraussetzung für ein „exaktes" Wissen ist. Die immer wieder erfahrbare Beschränkung unseres Wissens wollen wir in unserem großen Selbstbewusstsein nur als augenblickliche Frontlinie (frontier) sehen und ungern als eine prinzipielle Grenze (limit) des Wissbaren. Aber die neue Physik zeigt uns, dass es in der zeitlichen Veränderung im Grunde etwas wie Kreation gibt. Deshalb ist die Urknalltheorie wohl nur ein grobes Bild, das verständlicherweise viele Fragen nicht beantworten kann, wie insbesondere die Frage, warum überhaupt solch ein Urknall nur am Anfang passiert und dann so beladen ist mit Vorbedingungen, aufgrund derer dann nach einigen Jahrmilliarden, o Wunder, auch der Mensch entstehen kann. Diese kausale, klassisch beschriebene Entstehungsgeschichte ist für mich wenig plausibel. Aus meiner Sicht ist es aber gar nicht nötig, sich darüber viele Gedanken zu machen, weil *so* ein voll determinierter klassischer Ablauf bestimmt nicht passiert ist. Hier werden zweifellos die andersartigen Gesetzmäßigkeiten der modernen Physik, insbesondere eine Quantenphysik, die auch die Einsteinsche Allgemeine Relativitätstheorie einbezieht, eine wesentliche Rolle gespielt haben und spielen sie wohl auch noch weiter.

War die Analyse eines Systems immer schon einfacher als die nachfolgende Synthese der an den Teilen gewonnenen Einsichten, so wird die vollständige Synthese des Gesamtsystems unter den Bedingungen der neuen Physik zu einem noch weit schwierigeren und strenggenommen sogar unmöglichen Unterfangen. Aus alter Sicht war nur nötig, die Eigenschaften der Teile möglichst genau zu analysieren, zu denen auch die von ihnen ausgehenden Kraftwirkungen gehörten. Bei der Synthese mussten dann nicht nur die Teile addiert, sondern zusätzlich die von diesen ausgehenden Kraftwirkungen geeignet überlagert werden. Bei einer großen Zahl der Teile kann sich dies leicht zu einem extrem komplizierten Problem auswachsen, das aber, mit wichtigen Ausnahmen, prinzipiell lösbar bleibt und in der Regel auch praktisch durch statistische Methoden bewältigt werden kann. Ausnahmen bilden die chaotischen Systeme wegen ihrer Singularitäten.

Die der Quantenphysik zugeordnete Statistik ist aber nun noch eine Stufe raffinierter als die übliche Statistik, die wir im Falle unzureichender subjektiver Kenntnis der Sachverhalte anwenden, weil die Quantenstatistik auf der „Sowohl/Als auch"-Potenzialität aufbaut. Im Gegensatz zu der uns gewohnten positiv-wertigen Wahrscheinlichkeit als relativer Häufigkeit, die alle Werte von Null (Unmöglichkeit) bis Eins (Gewissheit) annehmen kann, basiert die Potenzialität der Quantenphysik auf einer (komplexen) *nicht positivwertigen* Wahrscheinlichkeitsamplitude. Sie kann (komplexwertig) „wellenartig" von +1 bis -1 variieren und bei Überlagerung im Raum – und das ist das Charakteristische einer Welle – sich dabei nicht nur an Stellen verstärken, sondern auch an anderen bis zur totalen Auslöschung abschwächen.

So steht das Getrennte (etwa durch die Vorstellung isolierter Atome) nach neuer Sichtweise nicht am Anfang der Wirklichkeit, sondern *Trennung ist mögliches Ergebnis einer Strukturbildung, nämlich Erzeugung von Unverbundenheit durch Auslöschung im Zwischenbereich.* Die Beziehungen zwischen Teilen eines Ganzen ergeben sich also nicht nur, wie in der klassischen Physik, sekundär, als Folge einer Wechselwirkung von ursprünglich Isoliertem, sondern sind in der neuen Betrachtung Ausdruck einer *primären Identität von Allem mit Allem.*

Im quantentheoretisch holistischen Weltbild ist der Kosmos immer das unauftrennbare Ein-Ganze, ein einziger Lichtball von Beziehungsstrukturen. Eine scheinbare Auftrennung in Teile wird gewissermaßen durch die Knoten, Knotenlinien, Knotenflächen der Wahrscheinlichkeitsschwingungen suggeriert, welche die nur wenig oder nichtschwingenden Regionen bezeichnen, also Orte, wo die Ereigniswahrscheinlichkeiten abgesenkt werden oder sogar fast ganz verschwinden können, und effektiv einer Abschwächung der Verbundenheit oder Abgrenzungen entsprechen. Solche Grenzzäune sind wie die Chladnischen Klangfiguren einer mit Sand bestäubten schwingenden Metallplatte, wo sich der Sand an den nichtschwingenden Punkten anhäuft (vgl. Abbildung). Die eingezäunten dunklen Regionen erscheinen dann als Teile.

Wir können für den Quantenkosmos auch als Gleichnis eine befruchtete Eizelle nehmen, die anfängt, sich zu „teilen". Sie teilt sich eigentlich gar nicht, sondern errichtet in der Mitte nur eine Membran, eine halbdurchlässige Zellwand, welche die beiden Seiten nicht, wie eine Betonmauer, völlig trennt, sondern mehr wie eine Hecke, ein gemeinsames Grundstück gliedert. Auch der ganze menschliche Körper ist so ein fein gegliedertes, letztlich unauftrennbares Ganzes. Und das gilt gleichermaßen für die menschliche Ge-

sellschaft, das Biosystem, das irdische Ökosystem, und es gilt letztlich eben bis hin zum ganzen Kosmos.

Eine Beziehungsstruktur entsteht also nicht nur durch *Kommunikation*, einen wechselseitigen Austausch von Signalen, sondern gewissermaßen auch durch *Kommunion*, durch Identifizierung, durch Wiedererkennung oder Selbsterkennung.

Die Vorstellung, dass Gestalt fundamentaler sei als Materie, macht uns erhebliche Schwierigkeiten, weil wir Gestalt als Form in unserer Alltagswelt eigentlich immer sekundär als *Anordnung von Materie* begreifen. Genau betrachtet stimmt dies nicht. Jedes Erlebnis und jede Erfahrung ist zunächst, im Verb-Sinne ein „erleben" und „erfahren", eine Beziehung, eine unaufgelöste Relation zwischen dem Beobachter und dem Beobachteten. Das Objekt, der isolierte materielle Gegenstand, ist Ergebnis einer Abstraktion, bei der wir die spezielle Sichtweise des Beobachters gewissermaßen durch Mittelung über alle möglichen Standpunkte abtrennen. Durch diese Objektivierung gelangen wir zu einer begrifflichen Sprache und zu einer, unserer Wahrnehmung geläufigen, objektivierbaren, reduzierbaren Welt, die insbesondere für eine Wirtschaft prädestiniert ist, wo Wirklichkeit zur Realität verstümmelt wird und Werte sich an der Tauschfähigkeit orientieren. Im übrigen spielen *Beziehungsstrukturen* im lebendigen Leben und in den meisten Hochkulturen eine weitaus wesentlichere Rolle als das Materielle. Durch den Verlust seiner Lebendigkeit hat das Materielle jedoch den Vorteil der Beständigkeit, was für Vergleiche wichtige und verlässliche allgemeine Referenzsysteme ermöglicht.

Wenn wir uns die Wissenschaftsgeschichte der letzten 3000 Jahre ansehen, dann fasziniert dabei immer wieder, dass schon zu allen Zeiten begabte Menschen tiefe Einblicke in das tiefere Wesen der Wirklichkeit gewonnen haben, wie es sich zu unserem großen Erstaunen vor unseren heutigen Augen enthüllt. Sie waren also damals schon auf der „richtigen" Fährte. Warum wurde diese Fährte damals nicht weiter verfolgt? Wir entdecken dann bei näherem Hinsehen, dass immer wieder dasselbe passiert: Man hat so einen Zipfel der Wahrheit erwischt und dann sagt man: Heureka, ich habe es gefunden! Dann wird eine solide Theorie daraus gemacht, die sozusagen nicht nur das einfängt, was man gefunden hat, sondern sie wird verallgemeinert und zum übergeordneten Prinzip der Welt erklärt. Auf diese Weise verbarrikadiert man sich in einem selbst gezimmerten Gefängnis und muss sich zur Wehr setzen gegenüber anderen Fragen, die nicht ausreichend Berücksichtigung gefunden haben. Man versucht, das, was nicht passt, reinzustopfen, abzuschneiden, sich herauszureden und so fort, mit den üblichen, verständlichen Ausreden: Es ist halt noch etwas komplizierter als man zunächst dachte; deshalb muss man, um die Schwierigkeiten zu klären und auszuräumen, noch fünf Jahre Forschung dran hängen usw., so wie wir das immer als Forscher machen, wenn etwas nicht klappt. Ein solcher Prozess ist auch richtig und notwendig. Man soll nicht gleich aufgeben, wenn Unstimmigkeiten auftreten. Aber hierbei wird auch sichtbar, dass ernste und letztlich unauflösbare Schwierigkeiten auftreten können, wenn solche erfolgreichen Theorien zu eng ausgelegt worden sind. Andere Theorien, auch Gegentheorien, müssen aufgestellt werden, die genau das, was außen vor geblieben oder vernachlässigt worden ist, einfangen und zentral vertreten. Und jetzt geht der Streit los: Wer hat Recht? Der eine oder der andere? Das bekannte Entweder/Oder. Was aber nur selten in Betracht gezogen wird: Beides, auch Widersprüchliches, kann in einem anderen Rahmen „richtig" sein. Man muss dabei aber auf eine höhere Ebene gehen, um widersprüchlich erscheinende Betrachtungen konstruktiv zu integrieren, und das nicht einfach nur im dialektisch-theoretischen Sinne.

Aus der Sicht der Quantenphysik wird uns auch klar, warum die Zeit eine so andere Rolle spielt als der Raum und insbesondere, warum uns die Zukunft verschlossen bleibt: Die Zukunft wird uns nicht gewissermaßen pädagogisch von einer höheren Vernunft vorenthalten, sondern eine solche Zukunft, die eigentlich schon feststeht, die wir aber nur noch nicht kennen, existiert gar nicht. Potenzialität in ihrer Ganzheit gebiert den jeweils neuen Zeitschritt und prägt damit tendenziell zukünftige materiell-energetische Realisierungen, ohne sie jedoch eindeutig festzulegen. In diesem andauernden Schöpfungsprozess wird ständig ganz Neues, Noch-nie-Dagewesenes, geschaffen. „Alle und alles" sind daran beteiligt, obgleich diese „alle"-Sprechweise wieder vom Getrennten ausgeht, die bei der potenziellen intimen Verbindung streng genommen nicht mehr zulässig ist. Das Zusammenspiel folgt bestimmten Regeln – physikalisch wird es beschrieben durch eine Überlagerung komplexwertiger Wellen, die sich verstärken und schwächen können. Es ist, in spieltheoretischer Sprache, ein Plussummen-Spiel oder Gewinn-Gewinn-Spiel, wo Kooperation zur Verstärkung führt. Dies kann interessanterweise auch eine *teleologische Ausrichtung* imitieren, die scheinbar ein Fernziel suggeriert, das vom Ende her, ähnlich der Entelechie, auf alle Prozesse wie eine Anziehung wirkt. Die mögliche Formulierung der klassischen Physik in Form von Extremalprinzipien, wie insbesondere das „Hamiltonsche Prinzip" der kleinsten Wirkung, ist dafür ein eindrucksvolles Beispiel. Extremalprinzipien hatten schon früher Leibniz inspiriert, unsere reale Welt als, in einem bestimmten Sinne, „Beste aller Welten" zu betrachten.

Diese neue kreative Weltsicht mag eine schlechte Nachricht für diejenigen bedeuten, die vor allem Natur manipulieren und letztlich fest „in den Griff" bekommen wollen. Denn unter den neuen Bedingungen können wir *prinzipiell* nicht genau wissen, was unter vorgegebenen Umständen in Zukunft passieren wird. Und dies – wohlgemerkt – nicht aus noch mangelnder Kenntnis, sondern als Folge der schwebenden Sowohl/Als-auch-Struktur der Potenzialität, die einer „Ahnung" gleicht und mehr an die lose, noch nicht entschiedene Verknüpfungsstruktur freier Gedanken erinnert.

Das ist aber eine gute Nachricht für alle diejenigen, die den Menschen als einen Teil derselben einen großen Wirklichkeit betrachten und erleben, ohne bei dieser Einbindung in das Allumfassend-Eine, das A-duale, den Menschen und die übrige lebende Kreatur zu leblosen Maschinenteilen degradieren zu müssen. Die Mitwelt kann von keinem mehr absolut verlässlich manipuliert werden, aber jeder, jede und jedes könnte prinzipiell und kann in je spezifischem Grade an einer aktiven Gestaltung der Zukunft kreativ mitwirken.

Diese neuen Erkenntnisse eröffnen uns eine total verwandelte Weltsicht und eine andere Beziehung des Menschen zur übrigen Natur, einer Natur, die nun eine umfassendere Bedeutung gewonnen hat und in die er nun völlig integriert werden kann, ohne dabei seine Besonderheit einbüßen zu müssen.

Eine Wissenschaft, die darauf besteht, „Wissen" in seiner scharfen Bedeutung beizubehalten, muss darauf dringen, dass auf jede in ihr gestellte Frage eine eindeutige Antwort gefunden werden muss. Diese Forderung wird für unverzichtbar gehalten, um letztlich von dem vermeintlich privat Subjektiven des bloßen Glaubens los zu kommen. Aus moderner Sicht gibt es im Hintergrund eine solche Eindeutigkeit gar nicht. Diese Forderung kann also nicht erfüllt werden. Alle Kulturen sind letztlich davon ausgegangen oder wurden darin pragmatisch belehrt, dass dies nicht gelingt, weil es nicht geht. Der Mangel an Wissen beruht ja nicht nur auf Ignoranz, einem Noch-nicht-Wissen. In der modernen Physik wurde mit der Mathematik eine Sprache gefunden, mit der wir auch klar ausdrücken können, warum dieser Wunsch nicht erfüllt werden kann, und dies auf eine interessante Weise, ohne dabei in die absolute Beliebigkeit abzustürzen. Werner Heisenberg, mein hochverehrter Lehrer, der unter den Wissenschaftlern den Künstlern zuzuordnen ist, hat dies in seinem Buch „Der Teil und das Ganze" einmal so zum Ausdruck gebracht: „Die Quantentheorie ist so ein wunderbares Beispiel dafür, dass man einen Sachverhalt in völliger Klarheit verstanden haben kann und gleichzeitig doch weiß, dass man nur in Bildern und Gleichnissen von ihm reden kann." Unter ‚Klarheit des Sachverhalts' ist hierbei das transparente Bindegewebe der Mathematik gemeint, die zu einem abstrakten Verständnis führt, ohne auf sinnliche Erfahrungen und Vorstellungen zurückgreifen zu müssen. Es ist vielleicht falsch, hier unsere Fähigkeit zur Abstraktion in den Vordergrund zu rücken und nicht vielmehr auf Fähigkeiten zu verweisen, die einem Künstler oder allgemeiner dem Lebendigen innewohnen, sich als Empfangende und weniger als Agierende in eine Situation hinein zu versetzen. Als Klavierspieler hat Heisenberg zunächst Melodien gehört, bevor er sie als Abfolge von Noten entzifferte und sich einprägte. Potenzialität ist wie: Melodien im Ohr, von denen wir nicht wissen, woher sie kommen. Irgendwer hat sie einmal gesungen. Waren es die Eltern oder künden sie von aus der Tiefe gewachsenen Traditionen, in die wir eingebettet und in die wir in unserer phylogenetischen Entwicklung ewig lernend hineingewachsen sind?

Doch mit all diesen zum besseren Verständnis der modernen Erkenntnisse aufgetischten Gleichnissen, die durch Analogien in unserer, weit über das direkt Begreifbare hinaus reichenden, menschlichen Erfahrung entzündet und beflügelt wurden, bin ich vielleicht über das einem Naturwissenschaftler erlaubte Maß hinaus gegangen, weil ich nicht nur in Gleichnissen gesprochen, sondern zur Deutung, obgleich nur in Analogie, zusätzlich auch Gleichnisse aus anderen Lebenssphären herangezogen habe. Letzten Endes beziehen sich meine Bemerkungen zunächst und ausschließlich auf die zweifellos wissenschaftlich revolutionär neuen Erkenntnisse im Mikrokosmos. Meine allgemeineren Ausführungen mögen deshalb manchen als reine Spinnerei erscheinen, die im Kopfe eines Physikers auftaucht, der sich anerkennenswert intensiv mit dieser Mikrowelt auseinander gesetzt hat, aber aus dem Blick verloren hat, dass diese ja mehr als acht Größenordnungen unterhalb des Mesokosmos, der Lebenswelt unseres Alltags, liegt. Offensichtlich spielen jedoch in unserer Alltagswelt die hier aufgeführten paradoxen und schwer begreiflichen Zusammenhänge keine Rolle, denn sonst hätten wir ja diese ganz andersartige Wirklichkeit schon längst wahrgenommen und gewinnbringend in unseren Lebenszyklus eingebaut. Die Vorstellung einer Realität, einer dinglichen Wirklichkeit, bewährt sich doch auf hervorragende und nicht zu bezweifelnde Weise in unserer alltäglichen Erfahrung. Der Descartes-Newtonschen klassischen Physik ist es gelungen, diesen reichen Erfahrungsschatz in einem phantastisch einfachen und von der Struktur her überzeugenden und in sich konsistenten Gesamtsystem zusammenzuführen.

Wir sind als Menschen stolz auf unser waches Bewusstsein, unser Reflektionsvermögen und unsere daraus resultierende absichtsvolle Handlungsfähigkeit. Vermutlich hat sich unser waches Bewusstsein und rationales Denken erst im Zusammenhang mit unserer Greifhand entwickelt. Gewissermaßen durch einen *virtuellen* Probelauf des beabsichtigten physischen Handelns und Begreifens soll es uns helfen, den Erfolg des *tatsächlichen* Entweder/Oder-Handelns und Begreifens in einer uns als Realität erscheinenden Wirklichkeit zu erhöhen und unsere Überlebenschancen zu verbessern. Dadurch wird wohl verständlich, warum unserem Denken die schwebende Sowohl/Als auch-Struktur der tieferen Wirklichkeit, die sich in ihrer Unbegrenztheit und schwankenden Wellenartigkeit ausdrückt, so fremdartig und unbegreiflich erscheint. Da wir in der uns über unsere Sinne direkt zugänglichen Lebenswelt, in der wir uns zurechtfinden und „darwinistisch" bewähren müssen, nur mit *sehr großen Anzahlen* (Billionen mal Billionen) dieser neuen eigentümlichen, etwas irreführend als „Bausteine" der Materie titulierten Gestalt-Wesenheiten, den „Passierchen" oder, noch weniger fassbar, den „Wirks" umgehen müssen, sind wir in der Situation eines Waldspaziergängers, der am Wege gleichmäßig geformte statische Kegel wahrnimmt, die sich erst bei näherem Hinsehen als ein Gewimmel von Tausen-

den und Abertausenden von hochlebendigen Ameisen erweisen. In der Tat ist es dieser Umstand eines extrem weit
gehenden Herausmittelns von jeglicher lokalen Besonderheit
und Verschiedenartigkeit einer enormen Vielzahl von als
nicht-korreliert angenommenen Teilsystemen – im Falle der
Ameisen gilt das eigentlich nicht, denn wir haben es hier mit
für uns nicht einsichtig korrelierten Kreaturen zu tun – was
zu verlässlichen Aussagen für das Gesamtsystem führt, die
für die Teilsysteme selbst nicht gelten.

Eine solche Erfahrung machen wir eindrücklich auch
beim Würfeln. Beim einmaligen Würfeln lässt sich die ge-
worfene Augenzahl eins bis sechs nicht vorhersagen. Beim
Wurf von gleichzeitig etwa einer Million gleichartiger Würfel liegt das Ergebnis jedoch praktisch eindeutig fest: Die
sechs verschiedenen Augenzahlen sind alle mit gleicher Häufigkeit vertreten (streng genommen mit einer mittleren Abweichung von einem Promille, der inversen Wurzel aus der
Anzahl der Würfel).

Die Vermutung erscheint deshalb völlig berechtigt –
wenn wir uns nicht wie bei den Ameisen täuschen – dass
bei Anzahlen von Molekülen und Atomen in der Größenordnung von Billionen mal Billionen (10^{24}), welche die Objekte unserer Lebenswelt bilden, wir uns über die mikrosko-
pische Exotik der neuen Physik wahrhaftig nicht den Kopf
zerbrechen müssen. Dies heißt: Die im Grunde verschwom-
mene „Sowohl/Als-auch"-Wirklichkeit stellt sich in der für
uns direkt erlebbaren, mesoskopischen, hochaufgemischten
Welt in extrem guter Annäherung eben als die uns wohlver-
traute, zerlegbare, objekthafte, materiell-energetische „Ent-
weder/Oder"-Realität dar, auf die hin sich unsere reflektie-
rende Rationalität (unser Verstand) so hervorragend
entwickelt und eingestellt hat. Was für uns von diesem uns
so mysteriös erscheinenden Mikrokosmos letztlich nur
bleibt, so scheint es, ist schließlich nur eine Warntafel, die

angibt, beim Abstieg in immer kleinere Regionen darauf vorbereitet zu sein, dass einige von unseren gewohnten und lieb gewonnenen Vorstellungen im Allerkleinsten nicht mehr so recht taugen und eben in eine etwas abstrusere Sprache gefasst werden müssen, mit der sich der tiefbohrende Spezialist auseinandersetzen muss, wenn er es denn partout genauer wissen will.

Dies ist nicht nur eine Vermutung. Es lässt sich, in der Tat, im Rahmen der Quantenphysik streng demonstrieren, dass bei den meisten Systemen unseres Alltags, bei einer umfassenden und vollständigen Ausmittelung über die Billionen mal Billionen Passierchen, sich mit hoher Genauigkeit wieder die Verhältnisse der uns gewohnten Realität mit ihrer materiell-energetischen Struktur und ihren bewährten strengen Naturgesetzen einstellen. Dies zeigt uns, wie schon im Gleichnis vom Ameisenhaufen oder vom Würfeln, dass Mittelungsprozesse im Regelfalle immer zu enormen Vereinfachungen führen und damit das mögliche Verhalten im Großen extrem reduzieren und begrenzen.

Wesentlich bei dieser allgemeinen Schlussfolgerung ist jedoch die Voraussetzung, dass eine umfassende und vollständige Ausmittelung durch gute Durchmischung wirklich zustande kommt. Das wird nicht immer der Fall sein. Wir kennen dies beim Werfen von mehreren Würfeln: Zuerst bedienen wir uns hier eines Würfelbechers, um die Würfel alle erst tüchtig durch zu schütteln und mögliche Anfangskorrelationen aufzulösen. Bei dynamischen Systemen gibt es zudem Konstellationen, bei denen sich solche Mittelungsprozesse nicht durchsetzen können. Dies würde, auf unseren Fall bezogen, jedoch bedeuten – und wir werden im nächsten Kapitel darauf näher eingehen – dass die „lebendige" Grundstruktur des Mikrokosmos unter geeigneten Umständen bis zur Mesoebene unserer Lebenswelt durchstoßen kann. Wir haben hier einen interessanten Ansatz, um das, was wir in unserer Sprache „Leben" nennen, im Gesamt-komplex zu verstehen. Auf diese Weise erhalten die paradox erscheinenden Erkenntnisse der Mikrowelt auf einmal wesentliche Bedeutung für das Biosystem und in ihm für den Menschen. Unsere verwendeten Gleichnisse hätten damit möglicherweise nicht nur den Charakter von unerlaubten Analogien. Hierdurch eröffnen sich neue interessante oder bestätigen sich vielleicht eher altbekannte, tiefe Einsichten in eine lebendigere Struktur unserer Wirklichkeit.

2. Leben

Dass bei Anhäufungen einer großen Anzahl von gleichartigen Teilchen sich bevorzugt eine gute Durchmischung einstellt, hat seinen tieferen Grund im so genannten Entropiesatz (dem Zweiten Hauptsatz der Thermodynamik). Der Entropiesatz bezieht sich auf eine statistische Aussage und besagt schlicht: *In Zukunft passiert das Wahrscheinlichere wahrscheinlicher.* Das klingt wie eine Tautologie, eine Selbstverständlichkeit, wenn man an die umgangssprachliche Bedeutung von „wahrscheinlich" und nicht an die statistische denkt. In der Regel hat diese Bedingung zur Folge, dass jede besondere, in irgendeiner Weise ausgezeichnete Konfiguration, sich selbst überlassen, im Laufe der Zeit automatisch, also ohne unser aktives Zutun, zerfällt. Durch die Wechselwirkung mit sich gerät ein differenziertes System langfristig in totale Unordnung. Die Entropie, ein Maß der Unordnung, nimmt im Laufe der Zeit immer zu.

Dies können wir täglich bei unserem Schreibtisch beobachten. Er wird von alleine immer nur unordentlicher und nie ordentlicher. Das liegt daran, dass sein ursprünglich aufgeräumter, geordneter Zustand, statistisch betrachtet, ein ganz unwahrscheinlicher Zustand ist, im Gegensatz zu einer Konfiguration, wo alles wirr und möglichst ausgebreitet über den ganzen Schreibtisch verstreut ist. Diese Konfiguration hat die Eigenschaft, dass wir sie durch weiteres Wühlen nicht mehr unordentlicher machen können. Alles ist maximal durcheinander und vermischt, ähnlich wie bei einem Kartenspiel, bei dem wir durch stundenlanges Weitermischen keine bessere Durchmischung erzielen können als schon nach fünf Minuten.

Die Aussage über „maximale Unordnung" muss differenziert werden, wenn die Tischplatte unseres Schreibtisches nicht ganz eben ist, also Hubbel und Kuhlen hat, oder die Tischplatte geneigt ist. Dann bleibt am Ende eine Restordnung übrig. Das Papier sammelt sich bevorzugt in den Kuhlen an und, bei einer Neigung, am tieferen Ende der Tischplatte.

Allgemein gesprochen heißt dies: Bei unebenen Ausgangsbedingungen stellt sich keine ungeordnete Gleichverteilung, sondern eine entsprechende Regelordnung als wahrscheinlichster Zustand ein. Durch geeignete Wechselwirkung können sich geordnete Systeme bilden, wie stabile Moleküle aus Atomen oder große Kristalle aus Molekülen etc. In all diesen Fällen lässt sich das größere System durch statistische Mittelwerte ausreichend genau beschreiben.

Wenn wir nach dem Leben fragen, müssen wir Mechanismen suchen, die eine solche Ausmittelung gerade vereiteln, Prozesse also, die umgekehrt vom Wahrscheinlichen zum Unwahrscheinlichen führen. Dieser Gegentrend, die Ausbildung höherer Differenzierung und Strukturierung aus einer Unordnung heraus, geht nicht von alleine. Er geschieht jedoch, wenn wir am Wochenende unseren Schreibtisch aufräumen. Er bedarf notwendig des Eingriffs einer äußeren „ordnenden Hand". Diese ordnende Hand lässt sich wesentlich durch zwei Eigenschaften charakterisieren: Zufuhr arbeitsfähiger Energie und eine „unterscheidende Intelligenz". Arbeitsfähige Energie wird etwa durch eine gezielte Handbewegung übertragen. Eine extrem zittrige Hand ist fürs Aufräumen ungeeignet. Aber auch einer voll kontrollierten Hand gelingt dies nicht, wenn sie nur agiert wie die Hände beim Kartenmischen. Zum Ordnen ist eine „unterscheidende Intelligenz" nötig, die durch Hinsehen über den Vorgang wacht und durch eine angeschlossene Steuerung dafür sorgt, dass die greifende Hand ein bestimmtes Papier auf einen bestimmten Stapel und nicht einen anderen ablegt. Dieser entscheidende Augenblick benötigt notwendig Zeit, weshalb sich Aufräumprozesse – im Gegensatz zu zerstörerischen Prozessen oder auch Kopierprozessen – nicht beliebig beschleunigen lassen.

Doch wie kommen wir zu einer „unterscheidenden Intelligenz" und zu einer von ihr gesteuerten ordnenden Hand? Sie gibt es nicht in unserer nicht-kleinen (mesoskopischen), ausgemittelten, unbelebten Alltagswelt. Diese Eigenschaften lauern nur im Mikroskopischen. Es bedarf enormer Verstärkung, um Prozesse im Mikrokosmos zu beobachten. Physiker bauen dazu gigantische Beschleuniger als Supermikroskope. Aber es gibt auch ganz einfache Methoden, um sich Kenntnisse über Eigenschaften des Mikrokosmos zu verschaffen. Wir brauchen dazu empfindliche Kippsysteme, bei denen ein winziger Auslöser durch Kettenreaktionen riesige Lawinen auslösen kann. Eine Wilson-Nebelkammer ist so ein Kippsystem, in dem ein nicht sichtbares und, streng genommen, nicht-existierendes Elektron, ähnlich wie ein Düsenflugzeug, einen großen Kondensstreifen aus Nebeltröpfchen in der wasser-übersättigten Atmosphäre als leicht sichtbare Spur hinterlässt. Das Schlüsselwort für eine Erklärung dieses Phänomens heißt: Instabilität!

Ich will dies an einem uns geläufigeren mechanischen Beispiel erklären, einem physikalischen Pendel: Das ist ein wie ein Uhrenpendel unten durch ein Gewicht beschwerter Stab, der um eine obere Achse schwingt. Sein Schwingungsverhalten ist durch die klassischen Bewegungsgesetze streng determiniert und deshalb präzise vorhersagbar. Ohne das übliche Uhrengehäuse hat das Pendel jedoch eine einzige Stellung, in der eine Prognose schwierig ist oder sogar versagt. Das ist der Punkt senkrecht über seinem Aufhängungspunkt. Bei einer Schiffsschaukel ist es der obere Überschlagspunkt. Die unsichere Frage ist: Fällt sie wieder zurück oder kommt sie weiter? Das hängt zunächst davon ab, wie genau wir das Pendel (seinen Schwerpunkt) in die Stellung „genau oben" (die durch eine gedachte gerade Linie definiert ist, die am Erdmittelpunkt beginnt und durch die Drehachse geht) gebracht haben. Dies ist richtig! Aber es gilt nicht, dass wir solch eine Prognose durch feinere Justierungen immer wieder möglich machen können. Denn wir erreichen bald eine Situation, bei der alle zusätzlichen Einflüsse aus der Umgebung von Bedeutung werden. Zum Beispiel die gravitative Anziehung, die ich als Nächststehender auf das Pendel in Richtung auf mich hin ausübe. Doch auch alles andere im Raum, in dieser Stadt, auf dieser Erde, selbst ein kosmischer Strahl vom Andromedanebel wird für eine zuverlässige Prognose von Bedeutung. Das heißt: Am obersten Schwingungspunkt wird das System praktisch nicht mehr prognostizierbar, weil es mit dem ganzen Universum kommuniziert. Ich müsste an diesem Punkt für eine Prognose über das ganze Universum genau Bescheid wissen, also der Laplace'sche Dämon der klassischen Theorie sein, ein hypothetischer Geist also, der alles, wirklich alles, und dies ganz genau weiß. Ich kann dies auch anders ausdrücken: An seinem obersten Punkt, seinem Instabilitätspunkt, erreicht das Pendel eine prinzipiell unbegrenzte Sensibilität. Das aufgerichtete Pendel wird zu einem höchst sensiblen Messinstrument, das auf die feinsten äußeren Einflüsse reagiert. Es ist in gewisser Weise „frei", nicht mehr an die zwingende Prognose eines vorführenden Physikprofessors gebunden, sondern bestenfalls an das Diktat eines undurchschaubaren Laplace'schen Dämons. Dies ist der „Chaospunkt" des Pendels, der einer Wetterlage gleicht, bei welcher der Flügelschlag eines Schmetterlings einen Taifun auslösen kann.

Die „Freiheit" des Pendels, seine Emanzipation vom Diktat der übersehbaren physikalischen Gesetze, ist allerdings noch denkbar dürftig und verdient bei diesem einzigen Ausnahmefall kaum diese Bezeichnung. Solche „Freiheiten" lassen sich jedoch leicht unendlich erweitern, wenn wir aus dem Pendelstab eine oder zwei oder viele Arretierungen herausziehen und das ganze zu einem Doppel-Pendel (Pendel am Pendel), einem Tripel-Pendel (Pendel am Pendel am Pendel) oder einem beliebigen Mehrfach-Pendel machen. Dadurch wird es zu dem, was wir heute Chaos-Pendel nennen. Seine Bewegungen werden erratisch, prinzipiell nicht

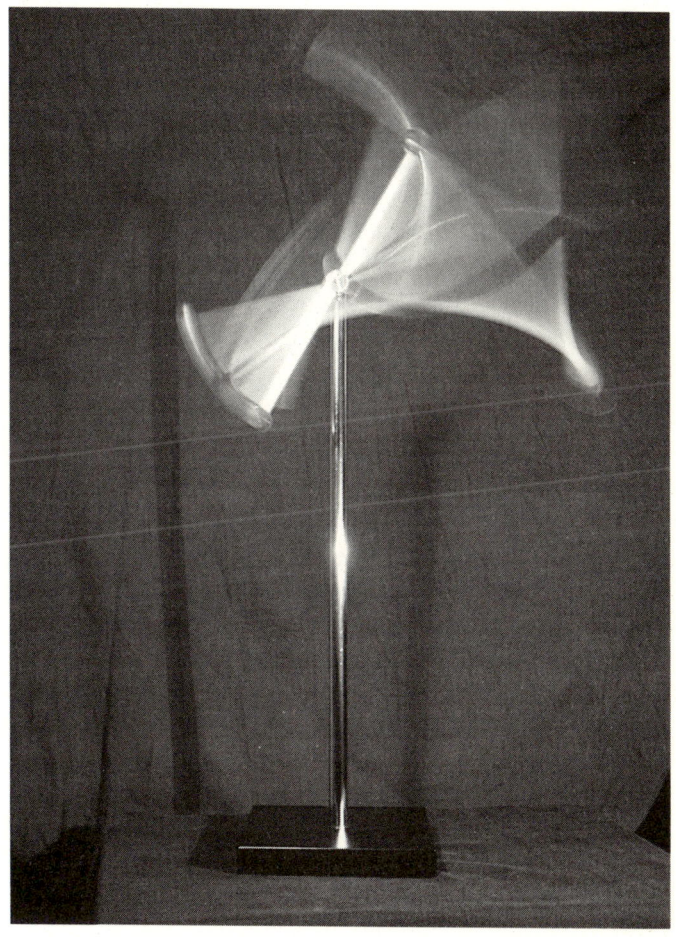

mehr berechenbar. (Das liegt nicht an einem Versagen der klassischen Bewegungsgesetze, sondern daran, dass die daraus resultierenden Gleichungen aufgrund von Singularitäten nicht mehr integrierbar sind). Das Chaotische an diesen Mehrfach-Pendeln hat die gleiche Ursache wie das Chaotische des einfachen Pendels als Folge des Instabilitätspunktes, mit dem Unterschied, dass nun im gesamten Bewegungsablauf des Mehrfach-Pendels im Prinzip die Instabilitätspunkte von allen Teilpendeln beliebig oft besucht werden. Diese Idealisierung stimmt nun allerdings im konkreten Falle nicht, da es in den Drehlagern Reibung gibt, wo Wärme entsteht und deshalb Energie der Schwingung entzogen wird, so dass der Schwung ihrer Bewegungen abnimmt bis keiner der Chaospunkte mehr durchlaufen wird und es schließlich wieder ganz zur Ruhe kommt. Das Ende wird hier also wieder prognostizierbar. Aber ohne Reibung könnten wir nach Anstoß des Pendels nichts mehr vorhersagen. Das Pendel verhält sich also vollkommen chaotisch. Es ist in gewisser Weise ein offenes System. Das heißt nicht, dass seine Zukunft ganz unbestimmt ist. So fängt es nicht an, im Raum herumzuspazieren. Es bleibt beschränkt auf einen Raum, der durch die Summe der Pendelarmlängen beschränkt ist.

Aber dies ist nun alles noch die alte klassische Physik. Das Chaos ist, wie man sagt, ein „deterministisches Chaos". Es ist allein durch die extremen Sensibilitäten bestimmt, die praktisch unkontrollierbar bleiben. Viele Biologen hoffen, dass diese chaotische Offenheit ausreicht, um höhere Entwicklungsstufen, „Emergenzen", zu bewirken, die Leben erklären könnten. Dies erscheint mir beliebig unwahrscheinlich oder schlicht unmöglich. Wir können aus guten Gründen auf diese unwahrscheinliche Option verzichten, weil es für die moderne Naturwissenschaft den Laplace'schen Dämon gar nicht gibt. Das entscheidende Argument ist, dass in diesen Instabilitätspunkten, diesen Punkten höchster Sensibilität, nicht das klassische Universum, sondern der holistische Quanten-Kosmos abgetastet wird, also nicht ein unkorreliertes Nebeneinander, sondern ein hochkorreliertes Ineinander. Das Chaos spiegelt also nicht die totale Beliebigkeit oder den reinen Zufall wider, sondern ein hoch-komplex gewachsenes Zusammenspiel, ein Quantum-Chaos. Ein Unterschied zum determinierten Chaos sollte sich zeigen, wenn wir mehrere Chaos-Systeme miteinander koppeln. Dann darf sich nicht ein Super-Chaos, sondern es muss sich etwas Geordneteres ergeben, was etwa einem Muster entspricht.

Jetzt mache ich einen großen Sprung in meiner Argumentation und behaupte einmal kühn: Das Lebendige gleicht im Grunde einem Quantum-Chaos! (Sowohl „Quantum" als auch „Chaos" sind dabei etwas irreführend). Im Kontrast zum Unlebendigen, das in der Nähe von stabilen Gleichgewichtslagen angesiedelt ist, basiert das Lebendige im wesentlichen auf Instabilitäten. Instabilitäten führen zu einer sensibilisierten Offenheit, die das Verbindende und „Embryonal-Lebendige" des Mikrokosmos ausloten kann. Diese Offenheit könnte sich zur „unterscheidenden Intelligenz" einer „ordnenden Hand" entwickeln. Hat diese Vorstellung eine echte Chance zur Erklärung des Lebens, wie es uns begegnet und wie es durch uns Menschen in einer hoch entwickelten Gestalt zum Ausdruck kommt?

Mit einem einzigen Sensibilitäts/Instabilitäts-Punkt im Vergleich zu unendlich determinierten Lagen ist das einfache Pendel ja noch ganz „unlebendig". Dies wird anders, wenn wir die Arretierungen herausziehen und es in ein Mehrfachpendel verwandeln. Hierdurch wächst offensichtlich die Lebendigkeit des ganzen Systems enorm an. Nicht unendlich groß, wie wenn es keine Reibung in seinen Lagern hätte. Seine Bewegung kommt letztlich und ziemlich schnell – nämlich in wenigen Minuten – wieder zum Erliegen, weil eine Instabilität langfristig seiner stabilen untersten Lage zustrebt. In Zukunft passiert eben das Wahrscheinlichere wahrscheinlicher! Und das Wahrscheinlichste ist eben der Zustand ganz unten, der Grundzustand, in dem die Bewegung ausklingt und der das „Unbelebte" charakterisiert. Die paar Minuten Lebenszeit sind reichlich kurz, um hier schon von Leben sprechen zu können. Doch der gesamte Ablauf ist nicht im Widerspruch zu unserer Erfahrung am Lebendigen: Am Ende sind wir alle tot! Lässt sich das Ende hinauszögern, die Lebenszeit verlängern? Gibt es Möglichkeiten, die ursprüngliche Instabilität zu stabilisieren, ohne ihre andere wesentliche Qualität, die Sensibilität und Offenheit zu verlieren? Obwohl Stabilisierung von Instabilität widersprüchlich klingt: Ja, das ist möglich!

Ein Beispiel einer solchen Situation ist uns allen bekannt. Wir praktizieren sie täglich. Wir stehen auf einem Bein und sind, statisch betrachtet, instabil. Warum wählen wir überhaupt diese prekäre Verbindung mit dem Boden? Sie bietet uns mehr Bewegungsfreiheit! Zunächst nur die Freiheit in jede Richtung fallen zu können. Wir stehen auf dem anderen Bein und sind in der gleichen wackligen Lage. Wenn wir aber gehen, wechseln wir koordiniert von der einen Instabilität zur anderen und erreichen dadurch einen dynamisch stabilisierten Gang ohne große Gefahr, dabei hinzufallen. Das ist das Wesen des Lebendigseins: statische Instabilität dynamisch zu stabilisieren, wodurch der Vorzug der Instabilität, seine Sensibilität und Offenheit, also nicht völlig determiniert und deshalb unter Umständen auch entscheidungsfähig zu sein, verbunden wird mit einer bestimmten Beständigkeit, die aus einem ständigen Fallen besteht, ohne wirklich zu fallen, d. h. letztlich zu sterben. Manche schaffen diese Balance ja neunzig Jahre und länger. Dass eine solche dynamische Stabilisierung überhaupt erreicht werden kann, setzt zweierlei voraus: Eine Differenzierung und Diversifizierung, die wenigstens zwei verschieden agierende Beine verlangt, und ein raffiniertes kooperatives Zusammenspiel des Verschiedenartigen, das die jeweiligen Schwächen des anderen, sein Fallen, präzise kompensiert. Dies ist ein echtes Plussummen-Spiel, das nicht nur eine gute Logistik („unterscheidende Intelligenz"), sondern, und das ist entscheidend wichtig, auch einen zusätzlichen Energieaufwand verlangt (der dadurch nötig wird, dass das nach vorne schwingende Bein, um den beginnenden Fall aufzufangen, erst etwas in die Knie gehen und dann sich anschließend wieder strecken muss). Leben muss also, zu seiner dynamischen Stabilisierung, ständig gefüttert werden.

Es ist dieser ständige Eintrag an arbeitsfähiger Energie, der die Biosphäre vom Unbelebten unterscheidet. Die ursprüngliche Quelle dieser Energiezufuhr ist die Sonneneinstrahlung.

Doch wie konnte so etwas wie eine Biosphäre überhaupt auf der Erde beginnen, da diese ja als wesentliches Element eine Instabilität voraussetzt? Sie begann vor dreieinhalb Milliarden Jahren aus einer wohl ziemlich undifferenzierten Suppe. Was sind die Kräfte und Bedingungen, welche eine solche Evolution des Lebendigen zu immer komplexeren Formen bis hin zum Menschen, und dies in so kurzer Zeit, geführt haben? Sie bewegt sich damit genau im Gegentrend zur Entwicklung der übrigen unbelebten Welt, die dem Prinzip isolierter Systeme folgt, in denen das Wahrscheinlichere wahrscheinlicher passiert. Wie können wir uns vorstellen, dass so etwas Unwahrscheinliches sich überhaupt ereignet, einen hoch differenzierten und höchst komplex organisierten Menschen schrittweise aus einem strukturlosen Urschleim zu erzeugen?

Der Darwinismus nimmt an, dass hier zunächst Elemente blanker Willkür wirksam sind. Irgend jemand „würfelt", was zu nicht berechenbaren und nicht voraussehbaren Änderungen der bestehenden Atom- und Molekülkonfigurationen führt, die den Aufbau eines Lebewesens regeln (Mutationen). Das meiste geht schief. Doch manchmal kommt etwas dabei heraus, was trotz dieser „Störung" noch lebensfähig ist und auch krabbeln kann. In ganz seltenen Fällen geschieht es, dass es sogar schneller krabbelt als das Bisherige und deshalb im Überlebenskampf mit allem gegen alle obsiegt: Bisheriges wird aus der Evolution als minder tauglich ausgeschieden. Dieses Ausscheidungswettrennen geht erbarmungslos weiter bis nach dreieinhalb Milliarden Jahren die jetzigen sehr vielfältigen Lebensformen, uns Menschen eingeschlossen, als triumphale „Sieger" übrig bleiben.

Es erscheint mir praktisch unmöglich, sich die Evolution des Lebendigen so vorzustellen. Denn auf diese umständliche und vor allem zeitraubende Art lässt sich doch wohl in dieser kurzen Zeit von nur dreieinhalb Milliarden Jahren kein lebender Organismus mit seiner hohen Komplexität und seinem raffinierten Zusammenspiel je zusammenwürfeln. Das wird uns erst richtig bewusst, wenn wir uns ernsthaft die quantitative Frage stellen: Wie offen ist denn die Willkür, diese Beliebigkeit, die hier im Wettstreit ausgetestet werden muss? Nehmen wir einmal zwei Personen, für die es nur zwei Möglichkeiten gibt, sich miteinander in Beziehung zu setzen: Sie treten in Kontakt oder nicht. Wenn wir dann nach der möglichen Zahl der Beziehungen zwischen drei Personen fragen, dann gibt es da schon acht: Keiner verbindet sich mit den anderen (eine Möglichkeit), alle verbinden sich miteinander (eine Möglichkeit), jeweils zwei verbinden sich miteinander (da gibt es drei verschiedene Weisen), jeweils zwei verbinden sich nicht miteinander (nochmals drei verschiedene Arten): zusammen gibt dies acht Möglichkeiten. So, jetzt kommt die Überraschung: Wenn wir uns das gleiche einmal für 24 Personen überlegen, dann kommt für die Anzahl verschiedener Beziehungsmöglichkeiten die riesige Zahl 10^{83} heraus (zwei in der Potenz der möglichen Paarungen). Von dieser Zahl haben wir selbstverständlich spontan keine anschauliche Vorstellung, was sie bedeutet – eine Eins mit 83 Nullen. Nur um ein Gefühl dafür zu bekommen: Dies entspricht der Anzahl der Atome in unserem Universum, das einen Durchmesser von 15 Milliarden Lichtjahren hat, wobei ein Lichtjahr die Strecke ist, die das Licht, das in einer Sekunde siebeneinhalb mal die Erde umkreist, in einem Jahr zurücklegt. So, und nun müssen wir uns vorstellen, dass ein Mensch nicht nur aus 24, sondern aus 10^{24} (d. h. Billionen mal Billionen) Bausteinen besteht. Wie erdrückend hoch ist da die Zahl der möglichen unterschiedlichen Anordnungen der Atome (eine 1 mit etwa 10^{47} Nullen!) und wie extrem unwahrscheinlich und deshalb langwierig dann ein Prozess, die richtigen oder besten Kombinationen, die „Überlebensfähigen", durch eine Nacheinander–end-of-the-pipe-Auslese herauszufinden. Ich kenne selbstverständlich die vielen möglichen Abkürzer für diesen Prozess, aber es müssen schon sehr extreme Annahmen gemacht werden, damit ein solcher sich erfolgreich gegen diese mehr als astronomisch große Zahl von Möglichkeiten durchsetzen kann.

Aber mit der modernen Physik brauchen wir ja wohl gar nicht mehr diesen mühseligen Nacheinander-Weg anzupeilen und zu gehen, weil es hier kein Würfeln gibt. Die Wirks oder Passierchen, anstelle der Atome, sind im Grunde gar nicht unabhängig voneinander. Potenziell „ahnen" sie sich. Dieser innere Zusammenhang von allem in allem, die starke Korrelation zwischen den Wirks – deren prinzipielle Offenheit für Zukünftiges wegen ihrer unendlich mehrwertigen Logik dabei nicht geopfert wird – scheint auch der Grund zu sein, warum in der Evolution des Lebendigen der Gegentrend sich überhaupt erfolgreich ausbilden und durchsetzen kann, dass also im Strahlungsfeld der Sonne vieles statt zum Wahrscheinlicheren zum „Unwahrscheinlicheren" tendiert, oder anders ausgedrückt, dass das Unwahrscheinliche in Zukunft nicht mehr unwahrscheinlich bleibt.

Doch halten wir an dieser Stelle inne mit unseren ersten Tastversuchen, dem Lebendigen und mit ihm sogar auch dem Menschen im Rahmen der modernen naturwissenschaftlichen Erkenntnisse einen angemessenen Platz zuzuweisen, der letztlich geeignet ist, die heute noch dominierende Vorstellung einer prinzipiellen Trennung von Mensch und Natur zu überwinden. Wir wollen stattdessen eine Zusammenschau und Zusammenfassung wagen, in der eine solche Integration von Mensch und Natur möglich scheint. Das muss insbesondere bedeuten, dass nicht, wie bisher eher üblich, weiter versucht wird, das Phänomen des Lebens und die Existenz des Menschen mit seinen besonderen Fähigkeiten in das engere Korsett der, am Unbelebten erfolgreich erprobten, exakten Naturwissenschaften einzuzwängen. Es heißt vielmehr umgekehrt, im Grunde das Unbelebte aus seinem mechanistischen, rein materiell-energetischen Kerker zu befreien.

Wesentlicher Ausgangspunkt für eine mögliche erfolgreiche Integration des Lebenden und Unlebendigen sind die Erkenntnisse der modernen Mikrophysik. Sie hat den (aus Descartes-Newtonscher Sicht) revolutionären Schritt gemacht, die dabei störende Fessel der strengen zeitlichen Determiniertheit natürlicher Prozesse abzustreifen und durch flexiblere Bande zu ersetzen. Die durch die Quantenphysik in ihrer jetzigen Form ermöglichte Befreiung der Prozessabläufe von einem strengen Determinismus reicht aber nicht aus, um eine von uns vermutete *Willens- und Entscheidungsfreiheit* des Menschen zu begründen. Die im Bereich der Mikrophysik aufblitzende relative Offenheit bezüglich zukünftiger

Möglichkeiten ist im Grunde ohnehin nur recht bescheiden, und sie scheint dann vor allem, bei größeren Systemen, durch die fast vollständige Ausmittelung dieser mikroskopischen „Lebendigkeit" bei makroskopischen Zusammenballungen vollends erdrückt zu werden. Doch dies muss, wie schon dargelegt – und das ist die interessante und freudige Botschaft – *nicht unbedingt* so sein. Eine vollständige statistische Ausmittelung erfolgt nämlich nur dann, wenn die „Teile", die das Gesamtsystem bilden, genügend unabhängig voneinander sind (wie etwa die vielen Würfel in meiner Hand, bevor ich sie auf den Tisch werfe), so dass sich keine starken Korrelationen ergeben. Jedoch ist gerade bei der Einschätzung, was als „ausreichend unabhängig" gelten kann, Vorsicht geboten. Denn durch eingeprägte Instabilitäten des Systems können sich unter Umständen kleinste Korrelationen oder Fluktuationen enorm aufschaukeln, wie dies bei sogenannten „chaotischen" Prozessabläufen zum Ausdruck kommt. Gerade für das „Lebendige" sind nun aber enge Beziehungen zwischen den Teilsystemen und eingeprägte Instabilitäten charakteristisch.

Im Rahmen der neuen Physik kommt nun eine Beziehungsstruktur nicht nur durch Wechselwirkungen zustande, sondern es existieren darüber hinaus die wesentlich innigeren und für die Quantenphysik typischen holistischen Beziehungen, die es Zuständen erlauben, gleichzeitig an verschiedenen Orten zu sein. Quantenmechanische Systeme sind deshalb nicht nur hochkomplizierte, sondern hochkomplexe Systeme. Hierbei soll die Bezeichnung „Komplexität" zum Ausdruck bringen, dass solche Systeme sich überhaupt nicht mehr ohne Zerreißen von irgendwelchen Teilverbindungen auf einfachere Systeme zurückführen lassen. Bei ihnen versagt also, genau betrachtet, der für unsere Wissenschaft übliche und letztlich methodisch notwendige Reduktionismus. Auch die Bezeichnung System ist irreführend. Die moderne

Chaostheorie lehrt uns darüber hinaus, dass bei eingeprägten Instabilitäten eine solche Reduktion auch nicht einmal näherungsweise möglich ist, weil selbst schwächste Einwirkungen von Außen zu völlig verschiedenartigen Entwicklungen führen können.

Die immaterielle Grundstruktur der Wirklichkeit hat dramatische Konsequenzen für unser Weltbild. Die heute wissenschaftlich geläufige Kosmogonie, welche die Evolution des Kosmos als einen Prozess der ständigen Expansion und fortschreitenden Differenzierung von materiell-energetischen Vielheiten sieht, in einer von diesen aufgespannten Raum-Zeit, ist wegen ihres klassischen Charakters mechanistisch und in der Wurzel „unlebendig". Der Ursprung dieser dynamischen Entwicklung wird in ein anfängliches explosives, einmalig kreatives Ereignis gelegt, einen „Urknall", der vor etwa 15 Milliarden Jahren als ausgezeichnete, singuläre Anfangsbedingung das ganze zukünftige Geschehen präjudiziert und bestimmt. Diese Kosmogonie ist von Grund auf nicht geeignet, genuine Hinweise für ein mögliches Verständnis des Lebendigen zu geben.

Die immaterielle Verbundenheit der Wirklichkeit in der neuen Weltsicht erlaubt, wie bereits dargestellt, nicht mehr die Frage: Was ist? Die Welt ist nicht mehr Realität, sondern im Grunde nur schwebende Potenzialität, nicht nur die Möglichkeit, sondern auch die Potenz, also das Vermögen, Realität, das greifbar Seiende, zu schaffen. Die realen Erscheinungsformen basieren auf dem Zusammenspiel immaterieller Wirkungen. Auf diesem Hintergrund erscheint das Belebte und Unbelebte in unserer (mesoskopischen) Alltagswelt im Grunde gar nicht mehr als verschieden. Beide gründen auf immateriellen Wesenheiten, den Wirks oder Passierchen, ähnlich den Schwingungsstrukturen, die durch Amplituden, Frequenzen und Phasen charakterisiert sind. Ihr Zusammenwirken kann geordnet oder ungeordnet sein.

Bei völlig ungeordneter Überlagerung, bei einem Verlust der Kohärenz, werden ihre Wechselbeziehungen im Mittel stark geschwächt. Wir bekommen effektiv das Abbild der uns gewohnten unbelebten Materie als einen Haufen von nur durch äußere Wechselwirkungen zusammengehaltenen unkorrelierten Teilchen oder, gröber, eines Materiebrockens, den ich auf verschiedene Weisen in Stücke zerschlagen kann. Diese Materialisierung könnten wir als den Normalfall bezeichnen: Ein Sack voller Passierchen erscheint im Mittel als ob er ein Sack voller Atome, also als ob er insgesamt Materie wäre. Potenzialität gerinnt zu Realität! Das Gerinnungsbild ist, wie man hierbei sieht, eigentlich falsch. Hier klebt nicht plötzlich etwas vor meinen Augen zusammen, sondern es ist vielmehr ein Sprung in meiner Wahrnehmung, in der ich plötzlich statt Tausende von Ameisen (Passierchen) einen materiellen Ameisenhaufen vor mir sehe. Diese Vorstellung könnten wir auf zerstreute Materie oder Energie ausdehnen (eine ungewohnte und nicht ganz gelungene Sprechweise, die in Umkehrung der gewohnten Aussage gemeint ist, dass nämlich Materie lokal konzentrierter oder geballter Energie entspricht). Bündelung von elektromagnetischen Passierchen könnte zum Phänomen der klassischen elektromagnetischen Energie-Wechselwirkung und des Lichtes in allen Formen führen. Zusammengefasst bedeutet dies: Die für uns gewohnte Wahrnehmung der umfassenderen Wirklichkeit als dinglicher oder etwas allgemeiner, als materiell-energetischer Realität entspricht einer vergröberten Ansicht; sie ist die für uns auffällige und die durch unsere Sinne erfahrbare „Kruste" oder „Schlacke" der lebendig brodelnden Wirklichkeit. Es ist auch das, was wir gewöhnlich „unsere Welt" nennen.

Realisierung von Wirklichkeit, Materialisierung von Potenzialität, „Schöpfung" im erfahrbaren Sinne geschieht in jedem Augenblick. Das macht auch die singuläre Bedeutung des „Jetzt!" aus. Warum erfahre ich nur etwas im „Augenblick der Gegenwart" und nicht in der Vergangenheit und in der Zukunft? Weil in diesem Augenblick etwas, das bisher nur als Potenzialität, als Möglichkeit angelegt ist, auf einmal verkrustet. Es gerinnt und wird auf einmal zu Materie, zu Stoff, es wird ein „Faktum" (es wird „gemacht"), ein Dokument, und ich erfahre dies als eindrucksvolles Ereignis. Die Wirklichkeit ereignet sich in jedem Augenblick neu als Realität. Sie greift immer wieder in den „vollen Topf" des Potenziellen und formt spezielle energetisch-materielle Ereignisse. Das Phantasielose, das sich selbst einfach kopiert, erscheint dagegen als beständiges Grundmuster, es erscheint als leblose Kruste, als Materie und Energie. In Analogie: Ich tauche in das Meer meiner Ahnungen und versuche daraus neue Ideen zu entwickeln, sie sprachlich zu fassen und handelnd umzusetzen. Das ist das aufregende Erlebnis, das wir Leben nennen.

Doch auf der mesoskopischen Ebene unserer Alltagswelt dominiert nicht nur die energetisch-materiell ausgeprägte Schlacke, das nivellierte Mittelmaß der Wirklichkeit. Weit weg von den Energiemulden, den stabilen statistisch bevorzugten Grundzuständen der Wirklichkeit, gibt es überall die hohen Berge, wo sich geübte Bergsteiger bemühen, der zur Talsohle ziehenden Schwerkraft zum Trotz immer höhere Gipfel zu erklimmen. Es geschieht in diesen wenig bevölkerten Regionen, weit weg von der Ruhestätte im Tal (dem thermodynamischen Gleichgewicht), dass ganz andere Konfigurationen sich herausbilden und sich dynamisch stabilisieren können. Ein geordnetes, kohärentes Zusammenwirken der Wirks kann zu hochkomplexen Interferenzmustern führen und bei geeigneter Energiezuführung und raffinierter Logistik in vielen Lernschritten sich zu den vielfältigen Formen des Lebendigen entwickeln. Das Unbelebte erscheint uns selbstverständlich viel einfacher, weil seine unkoordinierte (dekohärente) Quanten-Lebendigkeit sich in ihrer Gesamtwirkung verwischt und aufhebt. Das (mesoskopisch) Lebendige erscheint aber im neuen Lichte nicht deshalb lebendig, weil hier noch etwas Neues, etwa eine *zusätzliche* geistige oder vitale Qualität hinzukommt, sondern weil Keime des Lebendigen (Quanten-Lebendigkeit) schon im Grunde angelegt sind und durch ein konstruktives Zusammenspiel durch Verstärkung auf mesoskopischer Ebene als Leben zum Ausdruck kommen. Dieses Leben basiert auf der Potenzialität und lässt sich wohl besser, wenn diese Analogie erlaubt ist, mit dem Geistigen als dem Materiellen und Realen, charakterisieren. Dieser geistigen Struktur ist eigen, dass sie nicht nur wesentlich indeterminiert ist, sondern dass sie im Grunde unauftrennbar eine Einheit bildet. Die Wirklichkeit, und in ihr das Biosystem, bildet ein innig verwobenes Ganzes, das nur in einer Vergröberung als ein aus wechselwirkenden Teilen bestehendes System betrachtet werden kann.

Diese vorgezeichnete mögliche enge Verbindung zwischen dem Belebten und Unbelebten bereitet auch den Weg, um die heute noch immer heftig verteidigte strenge Trennung von Mensch und Natur zu überwinden. Mit den atemberaubend erfolgreichen Entdeckungen der klassischen Physik, dass die Natur prinzipiell begreifbar ist und strengen Naturgesetzen folgt, wurde gleichzeitig klar, dass wir sie nicht nur verstehen, sondern auch zu unseren Gunsten manipulieren und letztlich wohl auch voll beherrschen können. Dies aber nur unter der Voraussetzung, dass wir Menschen nicht selbst Teil dieses großen Uhrwerks, Natur genannt, sind. Der wegen seines wachen Bewusstseins, seiner reichen Schöpfergaben und seiner vielfältigen Fähigkeiten zum absichtsvollen Handeln so großartig erhöhte Mensch wehrte sich instinktiv und wohl mit gutem Recht dagegen, zu einem kleinen Rädchen eines hochkomplizierten, aber voll-determiniert ablaufenden Uhrwerks abgewertet zu werden. Um dieser Unverträglichkeit zu entgehen, wurde deshalb ein deutlicher Trennungsstrich zwischen dem Menschen und der übrigen Natur gezogen und der bewusste Mensch zusätzlich mit dem Attribut des „Geistigen" ausgestattet. Mit seiner eigenen Erhöhung zum „Herrn der Schöpfung" wurde gleichzeitig die übrige Natur zu seinen Gunsten degradiert, zum Baustein und Werkzeug, zum Steinbruch und zur Müllkippe. Diese, nach heutiger Auffassung, künstliche Trennung des Menschen von seiner von ihm so bezeichneten Umwelt (die ja nach Ansicht vieler auch andere Menschen, und nach Meinung weniger sogar alle außer ihnen selbst umfasst) hat viel mit der ökologischen Krise zu tun, die heute die menschliche Zivilisation existentiell bedroht.

Ja, diese prinzipielle Trennung zwischen Mensch und Natur gibt es aus meiner Sicht überhaupt nicht. In dieser Überzeugung stimme ich wohl auch mit der Mehrzahl der Biologen überein, die auch keine prinzipiellen Unterschiede zwischen einem biologischen System einschließlich des Menschen und der übrigen Natur sehen. Aus meiner Sichtweise aber macht dieser enge Zusammenhang das Lebendige nicht zur Maschine (auch nicht zu einer determiniert chaotischen), sondern umgekehrt die ganze Natur zu etwas prinzipiell Lebendigem. Der Mensch, wie die übrige Natur, ist im Grunde kreativ, die Wirklichkeit in ihrer zukünftigen Entwicklung wesentlich offen. Alles ist an der Gestaltung der Zukunft beteiligt. Der Mensch erfährt dies – wohl als einziger – auch in einem wach-bewussten und absichtsvollen Sinne. Er ist bewusst kreativ und trägt deshalb auch Verantwortung für die Zukunft.

Die Grundvoraussetzung des makroskopisch Lebendigen ist die Nähe zur Instabilität. Sie zeigt sich bei makroskopischen Systemen im Phänomen chaotischer, nicht mehr prognostizierbarer Bewegungsabläufe, da in der Nähe von

Instabilitäten winzige Veränderungen der Ursachen zu gro-ßen oder extrem verschiedenartigen Wirkungen führen. In-stabilitätspunkte sind deshalb, positiv betrachtet, Punkte großer Verstärkung, höchster Sensibilität. Quantenprozesse in der Nähe von Instabilitäten können auf diese Weise be-merkbare Auswirkungen auf mesoskopischer Ebene haben, also deutlich sich in unserer Lebenswelt auswirken. Dies führt gerade zu dem beobachteten abweichenden Verhalten des Lebendigen gegenüber dem Unbelebten, Toten. Das Le-bendige wird durch diese Verstärkung zu einem Spiegel der Mikrowirklichkeit und damit der tieferen Wirklichkeit.

Dieses würde aber auch umgekehrt bedeuten: *Die Wirk-lichkeit gleicht im Grunde mehr dem Belebten als dem Unbe-lebten.* Dies erscheint für mich ein Grund für die über-raschende Erfahrung, warum Gleichnisse, mit denen wir als besonnene, empathische, liebende, suchende Menschen tie-fere Erfahrungen und Einsichten jenseits des Begreifbaren zu deuten versuchen, sich analog in so hohem Maße auch als Gleichnisse zu eignen scheinen für die Deutung der hier in diesem Buche vermittelten mehr prosaischen Einsichten, die jenseits des Verständnisses einer Naturwissenschaft im alten Sinne liegen, wo unter Wissen nur dieses streng defi-nierbare und eindeutige Wissen (in der klassischen Fassung) verstanden wird.

Die offene Quantum-Lebendigkeit der Wirklichkeit er-schließt sich für uns als entsprechende Lebendigkeit und Of-fenheit im Großen nur über eine Instabilität, die Sensibili-sierung erlaubt und Verstärkung bewirkt. Lebendigkeit verlangt, sich in Unsicherheit zu begeben – oder positiver: in einen sensiblen Schwebezustand. Also gerade dort, wo wir uns am unsichersten fühlen, sind wir am lebendigsten und auch am kreativsten. Ja, das ist eigentlich eine verrückte Geschichte. Es ist nicht die Unsicherheit, die uns so anzieht, sondern die damit zusammenhängende höhere Sensibilisierung. Sie erlaubt uns, Zusammenhänge besser zu ertasten und mehr Handlungsfreiheit zu erlangen. Unsicherheit bewirkt Sensibilisierung. Und ein lebendes Wesen ist ein hochsensibilisiertes System, das durch Einstellung von instabilen Gleichgewichtslagen entsteht.

Die Sensibilität, mit der wir die Wirklichkeit geistig erfassen, wird durch Instabilität erkauft. Im Gegensatz dazu: Wenn wir im stabilen Grundzustand sind, passiert uns nichts, hier sind wir sicher, aber das Geistige könnte sich in uns kein Gehör mehr verschaffen, die Welt der Ahnungen und Gedanken wäre verschüttet, denn alles Lebendige mit seiner Offenheit, Kreativität, mit Geist und Seele würde in diesem Fall sozusagen weggemittelt, verrauscht und zerflimmert.

Sensibilität lässt sich für längere Zeit nur aufrechterhalten, wenn wir sie dynamisch stabilisieren. Das verlangt ein gut koordiniertes Spiel von Kräften und Gegenkräften, eine ausgeklügelte Logistik (unterscheidende Intelligenz), um nicht allzu weit vom Instabilitätspunkt abzuweichen. Die Mobilisierung dieser Ausgleichskräfte erfordert eine ständige Zufuhr von arbeitsfähiger Energie oder Syntropie (Negentropie). Beim Biosystem der Erde stammt die Stabilisierungsenergie direkt oder indirekt von der Sonne, von dem auf der Erdoberfläche eingestrahlten Sonnenlicht. Die Sonne ist der Motor für den Gegentrend, für den ständigen Wertschöpfungsprozess, sie ist die „Hand", die in das Biosystem dauernd eingreift und es stabilisiert. Das „Ordnende" der Hand wird allerdings nicht durch die Sonne geliefert, sondern von dem sich heranbildenden und durch Energie ständig gefütterten Biosystem bereitgestellt, in Form von materiell-energetisch ausgeprägten und geeignet vernetzten Bifurkationen. Bifurkationen sind Sensibilitätspunkte, die es erlauben, einen immateriellen Software-Code im hintergründigen, potentiellen Möglichkeitsraum abzutasten, dessen „Topologie" sich in einem ständigen Lernprozess über dreieinhalb Milliarden Jahre herausgebildet hat. Die Struktur, die durch diesen Lernprozess geschaffen wird, ist nicht in unseren „privaten", materiell-energetisch ausgeprägten Genen festgelegt, sondern die Gene haben eigentlich nur die Eigenschaft einer software zum Bau von Verstärkern, mit denen wir dieses strukturierte potentielle Hintergrundsfeld befragen können. Was wir also heute in der Biologie untersuchen, ist gewissermaßen nur die Hardware und eine für den Betrieb vorgesehene Standard-Software des „Wirklichkeits"-Computers und nicht die Software, die wir als Organismen oder Menschen selbst darauf schreiben. Hardware und Betriebssystem müssen allgemein eingebaut und eingelesen werden. Deshalb sollten wir vielleicht nicht erstaunt sein, dass der Mensch fast das gleiche Genom hat wie etwa die Hefe und der Affe. Nun ja, bei einem großen Computer und bei einem kleinen Computer ist die Hardware praktisch auch die gleiche. Aber der Witz ist ja, dass der Hauptunterschied davon herrührt, was an (nicht materiell-energetischer) Software noch darin steckt. Wir wissen, dass die Qualität der Software in unserem Computer mit Energie nichts zu tun hat. Das Schreiben eines hoch intelligenten Artikels auf unserem Computer verbraucht gleich viel elektrische Energie, wie ein gleich langer ganz dummer Artikel. Das heißt, die Qualität eines Textes hat nichts mit der aufgewandten (elektrischen) Energie zu tun, sondern mit „Information", einer Art Gestalt, die allerdings auch, unter anderem, durch die spezielle *Verteilung* von Energie zum Ausdruck kommen kann.

Die ständige Zufuhr von Energie ermöglicht, vermöge der eingeprägten Kreativität, die Einstellung von immer neuen instabilen Lagen und damit neuen Sensibilitäten, mit denen die Wirklichkeit abgetastet werden kann. Dies führt zu einer Differenzierung und Diversifizierung, aber nicht zu einer totalen Entfremdung. Zusammen mit neu aufgezogenen Saiten werden neue Melodien erprobt, verschiedene Instrumente zum Klangkörper eines Orchesters verschmolzen. Durch die konstruktive Integration von Verschiedenartigen entstehen hochdifferenzierte, aber auch aufgrund ihrer unterschiedlichen, zum Teil auch komplementären Qualitäten, organismisch kooperierende Ordnungsstrukturen. Diese höheren, weil innerlich vielfältigeren Organismen zeichnen sich nach mehrmaligen Durchlaufen des Kreises – von einer „Einheit" über „Differenzierung und Diversifizierung" und „kooperative Integration des Verschiedenartigen" zu einer neuen „höheren Einheit" – durch einen unglaublichen Grad an Flexibilität und Lebendigkeit aus: die Wunder der Pflanzen- und Tierwelt, wir Menschen. Diese Systeme sind nicht hochkomplizierte, präzise verschraubte, absolut verlässliche, geistlose Maschinen. Sie gleichen mehr der komplexen Beziehungsstruktur eines Gedichts, in dem nicht jeder Buchstabe gegen jeden anderen nach Maßgabe eines Nullsummen-Spiels um seine Existenz kämpft oder lauthals wegen seiner Einmaligkeit eine höhere Priorität im Gesamtzusammenhang fordert. Diese Buchstaben finden sich vielmehr zu einem Plussummen-Spiel zusammen und nutzen ihre Unterschiedlichkeit dazu, sich zu Worten zu vereinigen, um, auf einer nächsten Stufe, aus Worten Sätze und aus Sätzen eben Gedichte zu bilden, und auf diese Weise ein unermesslich reiches Feld an Ausdrucksmöglichkeiten zu erschließen, das für den einzelnen Buchstaben gänzlich unerreichbar ist. Dass auf diese Weise überhaupt ein Gedicht zustande kommen kann, liegt selbstverständlich nicht daran, dass für ein Herumprobieren nach Art von Versuch-Irrtum (wie vom Darwinismus gefordert) astronomisch lange Zeiten zur Verfügung stehen, sondern dass das Gedicht als Ahnung bei allen schon bekannt ist, so wie bei einem Dichter, wenn er intuitiv zu dichten anfängt.

Die Möglichkeit des Zusammenspiels ist in der Sinnhaftigkeit der Wirklichkeit im Grunde angelegt. Die Regeln des Zusammenspiels, ob das destruktive Gegeneinander der Nullsumme oder das konstruktive Miteinander der Plussumme vorherrschen soll, sind aber wohl dem Zufall überlassen. Entscheidend ist, was sich im geschichtlichen Ablauf bewährt, was durch Selbstorganisation seine Struktur am besten in die nächste Zeitschicht hinüberretten kann.

Die lebendige Natur, der wir uns auch als Menschen zurechnen müssen, ist also das Ergebnis eines Plussummen-Spiels. Höhere Differenzierung ermöglicht höhere Flexibilität und damit bessere Anpassungsfähigkeit an sich stets ändernde äußere Bedingungen und Umstände. Gesellschaften mit zentralisierter oder totaler Herrschaft entwickeln im Gegensatz dazu mächtige, übermächtige Aktionspotentiale. Doch diese bieten nur kurzfristig Überlebensvorteile, längerfristig zerbrechen sie an ihrer Einfalt, ihrer Starrheit und Unlebendigkeit. Sie sind wie Gedichte mit einem monotonen überlangen „bla-bla- …". Trotz ihrer kurzen Lebenszeit können sie jedoch, wie ein Krebsgeschwür, durch ihr immenses Zerstörungspotential sehr wohl die ganze Menschheit und einen großen Teil des höher differenzierten Biosystems in existentielle Schwierigkeiten bringen.

Ich fange an zu träumen, nicht weil ich ein Idealist bin, sondern weil der Traum für mich der Anfang einer Realisierung ist. *Ich brauche Träume und Visionen. Auf ihnen gründen sich Hoffnungen.* Und eine Hoffnung ist der erste Schritt zum Einstieg für eine zukünftige Gestaltung unserer Wirklichkeit und ihrer Realisierung. Und wir sollen nicht sagen, es sei unwahrscheinlich, dass Hoffnung eine wesentliche Voraussetzung für Wirklichkeit und ihre konkrete Realisierung ist. Hoffnung ist eine Artikulation der Wirklichkeit. Und ihre energetisch-materielle Manifestation gelingt, weil Leben gelingt. Schauen wir hin: *In dreieinhalb Milliarden Jahren ist das Unwahrscheinlichste, was passieren konnte, passiert* – weil es immer wieder aus der bewussten oder unbewussten Hoffnung gespeist wird, das heißt, aus dem Potenziellen, dem Geistigen, dem All-Verbundenen, ja wir könnten auch sagen, aus der Liebe hervorgegangen ist.

Dreieinhalb Milliarden Jahre haben wir als Mitspieler dieses Spiel auf eine manifeste Weise erfolgreich miterlebt und mit gemeistert: Differenzierung durch Destabilisierung, doch verbunden mit einem kooperativen Zusammenspiel, wo Instabilitäten miteinander spielen, um eine für alle vorteilhafte dynamische Stabilität des neuen Ganzen zu erreichen, entsprechend dem Paradigma des Lebendigen, *das Lebendige lebendiger werden zu lassen.*

3. Kommunikation. Gesellschaft

Das neue Welt- und Menschenbild hat nicht nur, wie gezeigt, wesentliche Auswirkungen auf die Beziehung des Menschen zu seiner ihn einbettenden Mitwelt, sondern in besonderem Maße und unmittelbarer auch auf die der Menschen untereinander. Sie wirkt sich aus auf die Möglichkeiten ihrer Kommunikation und der Organisation ihrer Gesellschaften. Eine direkte Konsequenz aus den vorherigen Betrachtungen ist, dass wir Menschen nicht mehr annehmen sollten, wirklich getrennt von anderen Menschen zu sein, lose nur aufeinander wirkend durch schwache Kräfte und einander erkennend durch einige Licht-, Laut- und andere von der Physik identifizierbare Signale, die wir uns äußerlich zur Verständigung wechselseitig zuwerfen. Wir sind alle Teile dieses selben Einen, der selben Potenzialität, auf der wir gemeinsam gründen. Diese Feststellung erscheint den wenigsten überraschend. Wir spüren dies auch, insbesondere im Blick auf die Menschen, die uns nahe stehen. Wie könnten sich sonst ein paar hingeworfene Worte und Sätze mit ihrem dürftigen, abzählbaren Informationsgehalt in unserem jeweiligen Bewusstsein so reich entfalten?

In einer Welt, die sich hauptsächlich auf tatkräftiges Handeln orientiert und ihre Werte vermehrt wirtschaftlich am materiellen Tauschgeschäft ausrichtet, erscheint es trotzdem eine brauchbare Approximation zu sein, uns Menschen schlicht als getrennte Individuen zu definieren, die über äußere physikalisch definierbare Kräfte – getragen von energetischen Kraftfeldern – miteinander wechselwirken. Dass diese Näherung unzureichend und höchst mangelhaft ist, erkennen wir heute immer deutlicher an den zerstörerischen Folgen unseres daraus resultierenden unvernünftigen Umgangs miteinander und mit unserer Mitwelt. Unvernünftig ist dieser Umgang deswegen, weil und insofern er vernachlässigt, dass diese Mitwelt ja nichts Äußerliches, sondern letztlich unsere eigene natürliche Lebensgrundlage ist, ja, dass sie, in einem gewissen Sinne, einen Teil oder besser: einen Aspekt unseres Selbst darstellt.

Ich muss nicht alles aussprechen, damit der andere mich versteht, ich brauche nicht alles vom anderen zu erfahren, bevor ich verstehe, was er sagt. Es gibt schon Kommunikation zwischen Menschen, noch bevor sie überhaupt ein einziges Wort ausgetauscht haben. Als Teile, besser als Artikulationen oder Wirks eines größeren Ganzen, eines umfassenderen Kosmos, können wir auf einem uns gemeinsamen Untergrund aufbauen. Dieses Gemeinsame umfasst nicht nur das, was das Menschengeschlecht in seiner Gesamtheit in allen Zeiten erlernt hat, sondern stellt ein ganzheitliches geistiges Potenzial dar, gewissermaßen als eine in einem ständigen Lernprozess sich immer weiter differenzierende Gestalt, in der Wissen, Intuition, Ahnung und noch dunklere Informationen verschlüsselt sind und uns zu dem machen, was wir sind. Das alles verbirgt sich in unserem Untergrund, zu dem wir durch Wurzeln je einen individuellen Zugang haben, obwohl der Untergrund uns nicht privat zugeordnet ist.

Sehr viel von dem, was wir Kommunikation nennen, ist deshalb gar nicht Kommunikation zwischen Getrennten, sondern ähnelt mehr einer *Kommunion*, einer Erweiterung unseres Selbst, da wir uns im gemeinsamen Untergrund begegnen. Sie hat, aus meiner Sicht, viel mit dem zu tun, was mit den spirituellen und transpersonalen Dimensionen unserer Wirklichkeit umschrieben wird.

Die große Aufgabe unserer Zeit ist klar: Wir sollten die Intelligenz, die wir haben und entwickeln, vermehrt der Lösung gesellschaftlicher Probleme widmen. Die Probleme der

Naturwissenschaften sind vergleichsweise einfach gegenüber den Problemen, vor die uns heute die gesellschaftliche Entwicklung stellt. Deshalb erfordern sie einen wesentlich größeren und besser fundierten Einsatz an intelligenter Einsicht. Es reicht nicht, die Welt in immer umfangreichere Datensysteme einzupacken und den Datenaustausch zu intensivieren und auszuweiten. Denn diese Informationsüberschwemmung hat zur Folge, dass nur noch wenige zu echter Kommunikation kommen und dass diese noch weiter verflacht. Denn echte Kommunikation erfordert weit mehr als Austausch von Information. Sie muss bei den Dialogpartnern Betroffenheit erzeugen und Verständnis wecken können. Auch die phylogenetische Entwicklung zeigt uns, dass es für das Überleben von Arten weniger wichtig ist, mehr Information verarbeiten zu können. Wichtig sind vielmehr die Fähigkeiten, in einer komplexen Wirklichkeit die jeweils relevante Information zu erkennen und die irrelevanten erfolgreich zu unterdrücken.

Die mehr ganzheitliche Betrachtungsweise muss sich allerdings mit der prinzipiellen Schwierigkeit auseinandersetzen, dass bei ihr Aussagen kaum oder, genauer gesagt, gar nicht mehr in einem Sinne nachkontrolliert werden können, wie dies für eine moderne Wissenschaft im Idealfall als notwendig erachtet wird. Diese Schwierigkeit kann strenggenommen nicht beseitigt werden, weil sie in der ganzheitlichen Struktur der Wirklichkeit begründet ist. So lassen sich insbesondere kaum experimentelle Situationen herstellen, welche als genügend „gleichartig" gelten können, um für eine Nachprüfung im üblichen Blind-blind-Sinne geeignet zu sein(Experimente, bei denen jegliche Einflussnahme vom Beobachter oder vom Beobachteten auf das Ergebnis vermieden werden soll). Es ist also in diesem Falle nötig, mit anderen „Wahrheitskriterien" zu operieren, oder vielleicht sollte man besser sagen, nur noch mit „Stimmigkeitskriterien" zu arbeiten.

Weil dann aber die üblichen Methoden der Verifikation und Falsifikation nicht mehr anwendbar sind, wird es wohl noch einige Zeit dauern, bis wir auf diesem unsicheren Terrain mehr Trittsicherheit gewinnen. Denn eine solche ist notwendig, um zu verhindern, auf der anderen Seite in reine Willkür und Beliebigkeit abzurutschen. Auch im besten Falle wird jedoch nie für alle Fragen „Wissen" in der heute von der Wissenschaft verwendeten strengen Bedeutung zu erlangen sein. Die Quantenphysik gibt mit ihren definitiven Wahrscheinlichkeitsaussagen ein interessantes Beispiel dafür, wie ein zunächst nur qualitatives Wissen zu einem gewissen Grade doch wieder quantitativ fassbar wird und damit die totale Willkür vermeidet. Doch auch in einem allgemeineren Fall braucht der Verzicht auf eindeutiges, unbestreitbares Wissen nicht auszuschließen, dass wir auf andere Weise ein *Wissen ganz anderer Art* – und es wird sich um hochrelevantes „wissen" (Verb!) handeln – erlangen oder erleben können. Offensichtlich erscheint mir nur: Uns werden existentiell wesentliche Erkenntnisse verschlossen bleiben, wenn wir Wissen auf seine bisher in der Wissenschaft übliche Bedeutung eingeengt lassen, also dabei ausschließlich auf „Objektivierbarkeit" als wesentlichem Wahrheitskriterium bestehen – und ihm nicht auch nicht-mehr-objektivierbare Erfahrungen und Einsichten, vermöge einer intersubjektiven Stimmigkeit und inneren Überzeugungskraft, Wahrheit in einem geeignet offeneren, nicht mehr eindeutig festlegbaren Sinne zu finden, zuordnen. Dies mag wegen seiner vermeintlichen Unverbindlichkeit recht willkürlich klingen und wegen der dadurch möglichen Manipulationen auch nicht ungefährlich sein, aber dies nur so lange, wie eine prinzipielle ganzheitliche Struktur der Wirklichkeit negiert wird.

Selbstverständlich lässt sich eine solche Ganzheitlichkeit wieder nie beweisen, andererseits aber auch nicht schlüssig leugnen. Wir sollten in diesem prinzipiellen Dilemma jedoch nicht übersehen, dass wir in unserer persönlichen Wahrheitserfahrung, die – trotz aller logischen Verknüpfungsakrobatik und hochintelligenten Reflexion – letztlich auf einer nicht mehr hinterfragten, spontan erlebten Evidenz basiert, schon immer unausgesprochen auf eine inhärente Stimmigkeit zur Wahrheitsfindung angewiesen waren und dies auch in Zukunft weiterhin sein werden.

Wenn eine Gesellschaft in Beschleunigung vernarrt ist und alles immer schneller machen will, dann ist dies die beste Methode, aufbauende Ordnungsprozesse in der Entwicklung, also natürliche Wertschöpfungprozesse oder syntropische Gegentrendprozesse, gegenüber Kopieren und Zerstören, zu benachteiligen und letztlich zu verhindern. Denn diese Prozesse benötigen notwendig eine endliche Zeitspanne für die unterscheidende Intelligenz an der sensiblen Weggabelung. Wir brauchen deshalb ausreichend Gelassenheit und Entschleunigung, um echt aufzusteigen. Ein Bergsteiger kann leicht und schnell herunterfallen, aber wenn er den Berg hinaufklettert, dann dauert es notwendigerweise immer lang, weil er im mühsamen kooperativen Dialog seiner Hände und Füße mit dem ungleichförmigen Fels ständig wertende Entscheidungen treffen muss. Aufstieg und Wertschöpfung brauchen deshalb Zeit. Sie sind vom Standpunkt eines äußeren Betrachters daher notwendig „langweilig" und deshalb keine interessante Nachricht wert. Die Presse berichtet sofort, wenn einer abstürzt, obwohl ein solches Ereignis gerade weder besonderen Geschicks noch großer Anstrengung bedarf. Ja, so ist eben unser Wertesystem.

Wir brauchen eine Gesellschaft, die in der Bedächtigkeit und der Gelassenheit ein wesentliches Element der natürlichen Wertschöpfung erkennt, einer Höherentwicklung im Sinne einer Entwicklung zu differenzierteren und konstruktiv, organismisch verflochtenen Strukturen. Wenn wir dies nicht beachten und nicht geeignet in unserem Lebensstil berücksichtigen, dann führt das weniger zu einer irreparablen Schädigung unseres irdischen Ökosystems, als vielmehr dazu, dass wir uns damit selbst als Spezies aus der Evolution hinauskatapultieren. Denn die Natur kann ohne den Menschen leben, aber wir nicht ohne die Natur und das spezielle irdische Biosystem, in dem wir aufgewachsen und in das wir eingebettet sind. Unsere heutige dominierende Wirtschaft ignoriert diesen natürlichen Wertschöpfungsprozess. Unsere fortschrittliche Zivilisation hat das Lawinensyndrom zu ihrem Erfolgssymbol gewählt. Mit minimalem Aufwand einmal losgetreten wird die Lawine von alleine ohne weiteres Zutun größer, mächtiger und schneller, schneller und größer. Der Auslösende wird angesichts dieser entfesselten Dynamik zum gefeierten Leistungsträger der Gesellschaft. Doch eine losgetretene Lawine bedeutet Wertminderung und endet letztlich in einer Katastrophe.

Es ist weniger die Frage, ob Wissenschaft und Technik, z. B. die Gentechnik, etwas Bestimmtes überhaupt machen dürfen oder nicht. Aber *auf welche Art und Weise* wir das machen, das ist eben wichtig. Das wirklich Böse ist in diesem Kontext nicht das, *was* wir tun, sondern *in welchem Maße* wir es tun. Um etwas zu ändern sollten wir nicht gleich mit dem Vorschlaghammer kommen, sondern mit ganz feinen Instrumenten arbeiten, um nicht die stetig gewachsene, sensible Struktur, die wir vorfinden, zu zerstören.

Das Biosystem ist nicht mit einem Granitkegel vergleichbar, auf dessen Spitze der Mensch, als Krone der Schöpfung, beliebig herumtanzen darf. Wir müssen uns das Biosystem mehr wie ein instabiles Kartenhaus vorstellen, dessen prekäre Stabilität nur von den schwachen Reibungskräften herrührt. Das Biosystem ist allerdings etwas stabiler als das Kartenhaus, weil in seinem Fall gewissermaßen jede einzelne Karte durch eine Kraft und Gegenkraft dynamisch stabilisiert wird und so der ganze Bau immer wieder neu justiert und in der Balance gehalten wird. Es gleicht deshalb mehr einer Menschenpyramide, wie wir sie manchmal im Zirkus sehen, welche in allen Gliedern elastisch reagieren muss, wenn die letzte Person auf den Gipfel steigt. Das ist ein bisschen besser als ein Kartenhaus. Aber was machen wir Menschen nichtsahnend oben am Gipfel? Wie viel dürfen wir dort herumturnen und -toben, ohne dass das ganze Biosystem zusammenbricht, zumal wenn wir noch zusätzlich unten dauernd Karten herausziehen mit der unschuldigen Bemerkung: Wozu brauchen wir diese Karte eigentlich?

Die größte Gefahr für die Nachhaltigkeit liegt darin, dass wir Menschen noch nicht richtig die prinzipielle Instabilität des Biosystems verstanden haben, die nur dynamisch durch die ständige Syntropie-Einstrahlung der Sonne ausbalanciert wird. Die größte Verletzung der Nachhaltigkeit resultiert aus einer Fehleinschätzung des Menschen, der sich nicht nur als Krone, sondern immer noch als Herrn der Schöpfung betrachtet und sich mit dem alten Bild des großen Manipulators identifiziert. Wir glauben immer noch, dass unsere Mitwelt eine Umwelt zu unserem Nutzen ist, aus der wir beliebig Ressourcen herausschlagen und in die wir sorglos unseren Müll hineinkippen können. Die Sonne konnte unserem immer wilderen Treiben bisher Paroli bieten und das Biosystem einigermaßen im Gleichgewicht halten. Aber durch Ausgraben der fossilen Energieträger pumpen wir nun zusätzlich und in hohem Grade diese gespeicherte Sonnenenergie in das von uns Menschen dirigierte Untersystem hinein. In einer Art Strohfeuer verbrauchen wir in zwei Jahrhunderten, was in Millionen von Jahrhunderten an Sonnenenergie angesammelt wurde. Wie Bankräuber investieren wir in immer bessere Schweißgeräte, mit denen wir einen Naturtresor nach dem anderen ausrauben. Und dies bezeichnen wir dann noch als Wertschöpfung.

Durch die fossilen Brennstoffe stehen uns für die Erleichterung und Verbesserung unserer Lebenshaltung in üppiger Weise hochkonzentrierte Energien zur Verfügung. Wir gewöhnen uns auf diese Weise an einen Lebensstandard, der auf Dauer gar nicht durchzuhalten ist – und dies aus mehreren Gründen, was wir aber noch nicht wahrhaben wollen. Das hat zunächst und unmittelbar einsichtig mit der begrenzten Menge der nicht-erneuerbaren Ressourcen zu tun. Das Öl wird sich in wenigen Jahren für uns spürbar verknappen. In den nächsten Jahren werden wir das Maximum der Ölförderung erreicht haben. Der Ölverbrauch muss dann entsprechend verringert werden, und die Erschöpfung der Ressourcen wird letzten Endes den Preis diktieren. Wenn nichts mehr da ist, wird sich jede weitere Diskussion erübrigen, und man wird sich vermehrt um andere Energieträger kümmern. Hier gilt als möglicher Ersatz etwa die Kernspaltung und vielleicht auch die Kernfusion.

Es kommt hier jedoch ein zweiter wichtiger Begrenzungsfaktor hinzu: die Frage nach einem Endlager für die bei einer Energienutzung auftretenden Endprodukte, also für die stark radioaktiven abgebrannten Brennstäbe oder für das Endprodukt der fossilen Brennstoffe, Kohlendioxid. Man hat zunächst geglaubt, dass das problemlos in die Atmosphäre abgeblasen werden könne. Dieses Spurengas, so hat sich jedoch herausgestellt, regelt empfindlich die Wärmeabstrahlung der Erde und bedroht deshalb gefährlich das Weltklima, weshalb dringend dafür eine Begrenzung der Belastung gefordert werden muss. Aber dies ist nur die Spitze eines Eisbergs. Dieses Thema spielt in der öffentlichen Diskussion eine Hauptrolle, weil jeder vom Klima betroffen ist. Es existieren aber noch andere Einflussgrößen, die nicht nur mit dem Kohlendioxid unserer Brennstoffe zu tun haben. Es gibt etwa eine fortschreitende Zerstörung des Bodenlebens und des kohlenstoffhaltigen Humus, die zu einem zusätzlichen Kohlenstoffdioxid-Ausstoß führt. Aber – so scheinen viele zu denken – wir haben ja jetzt primär mit der Atmosphäre zu tun, da können wir uns nicht auch noch mit dem Boden befassen.

Es sind aber eigentlich weder die sich schnell verknappenden nicht-erneuerbaren Energie-Ressourcen, die uns vornehmlich bedrücken müssen, noch wird die Frage geeigneter Endlager für die Abfallprodukte unserer Energieträger der wesentliche begrenzende Faktor sein. Die einschneidendste Begrenzung liegt wohl im gesamten Energieumsatz des Menschen. Sie zielt letztlich auf die vorher gestellte Frage: Wie stark können wir auf diesem Kartenhaus weiter herumhampeln, bis der Bau nicht mehr nur schwankt, sondern zusammenbricht?

Auch ganz umweltbewusste, anständige und liebe Menschen hampeln auf der Biopyramide herum. Stellen wir uns also zunächst die Frage: Wie viel Mensch erträgt denn das Biosystem unserer Erde? Die Frage ist akut, wir hören sie oft und vermehrt. Etliche Leute meinen: Schon die jetzt 6 Milliarden sind für unsere endliche Erde zu viel. An diesem Argument ist etwas Richtiges. Wir brauchen auf Dauer eine Reduktion der Erdbevölkerung. Und dann schauen wir besorgt nach Süden, auf die armen, sich entwickelnden Länder. Doch das Argument greift zu kurz. Es kommt nicht nur auf die Zahl der 6 Milliarden Menschen an, sondern auch darauf, was diese Menschen machen, mit welcher Intensität sie – sanft oder rücksichtslos – auf ihre Mitwelt, insbesondere das Biosystem, einwirken. Wir haben im Augenblick weltweit einen Energieumsatz von etwa 13 Terawatt oder 13 Milliarden Kilowattstunden pro Stunde. Das entspricht einem Leistungsäquivalent von 130 Milliarden „Energiesklaven". Dieser bildhafte Begriff will besagen, dass wir nicht nur mit dem bewussten aktiven Handeln Energie verbrauchen: Die Bevölkerung von 6 Milliarden Menschen beschäftigt 22 mal mehr Quasi-Menschen im Hintergrund. Ein sogenannter Energiesklave in meiner Rechnung entspricht einer Menschenstärke bei einem 12-stündigen Arbeitstag, was der durchschnittlichen Leistung von 100 Watt entspricht. Hierbei wurde eine Menschenstärke etwa als eine viertel Pferdestärke (PS) gerechnet, also die Leistung eines Pferdes etwa der von vier Menschen gleich gesetzt. Das entspricht einem sehr kräftigen Mann. Wir haben also neben den 6 Milliarden Menschen noch 130 Milliarden Exemplare dieser kräftigen Art, die alle ohne Pause zwölf Stunden jeden Tag malochen und auf dieser Biopyramide herumtrampeln und sie aus der Balance bringen. Das ist unser wirklich entscheidendes Problem.

Die Frage muss deshalb anders gestellt werden: Wie viele Energiesklaven kann dieses Biosystem noch eben ertragen? Fragen wir so, dann können wir nicht mehr in den noch nicht voll „entwickelten" Süden schauen und nur von Geburtenkontrolle in dieser Weltgegend sprechen, sondern müssen *auf uns* blicken. Denn ein Amerikaner beschäftigt im Durchschnitt 110 von diesen Energiesklaven und jeder hier in Mitteleuropa im Schnitt etwa 60, ein Chinese dagegen nur 8 (wahrscheinlich heute etwas mehr), ein Einwohner von Bangladesh sogar bloß einen einzigen. Meine mir persönlich zugeordneten 60 Energiesklaven ruinieren also auch an meiner Statt die Welt, selbst wenn ich im Bett liege. Wir brauchen also eine Geburtenkontrolle von Energiesklaven. Machen Sie mal Ihre Kühlerhaube auf, da liegen 250 Energiesklaven drunter, wenn Sie einen Mittelklassewagen fahren, oder 700, wenn Sie S-Klasse fahren. Und wenn dann jemand mit dem Auto zum Briefkasten fährt, um einen Brief einzuwerfen, ist die Frage wohl erlaubt, ob das nicht ein bisschen aufwendig ist.

Es geht also auch um unser Alltagsverhalten. Ich beobachte mit Sorge und Beklemmung überall, hier in unserem

Lande und in ähnlicher Weise auch anderswo, diese Vielzahl von selbstgefälligen, relativ harmlosen, etwas engstirnigen, moderat ehrgeizigen, verletzlichen und verletzten, opportunistischen und angepassten Menschen, die, über die Unzulänglichkeiten und Untaten anderer sich beklagend und sie verurteilend, sich mühsam einen Weg durch ein freudloses Leben bahnen. Ich frage mich insgeheim, wer von ihnen unter den außergewöhnlichen Stress-Situationen einer totalen Herrschaft eines Hitler, Stalin, Saddam Hussein, Khomeini, Karadzic und vieler mehr, zu all den damit verbundenen Bestialitäten und Irrationalitäten letztlich überredet oder in diese hineingetrieben werden könnte.

Verhalten im gesellschaftlichen Alltag einer Gesellschaft ist nicht ohne Bezug zur Politik. Und der Weg zu Fragen der Macht und Machtausübung führt auch über alltäglich geformte und im Alltag gelebte Mentalitätsstrukturen. Macht bezieht ihre Stärke aus der Einfalt – durch Bündeln von Kräften und nicht durch deren Differenzierung. Aber sie ist wegen dieser Einfalt vergänglich. Momentane Erfolge der „Wahrheitssuche" verleiten zum Fundamentalismus. Das Körnchen Wahrheit wird unangemessen verabsolutiert. Wissenschaft und Technik im Verbund mit der Ökonomik stellen heute in gewissem Sinne so einen Fundamentalismus dar.

Beim darwinistischen Wettbewerbsmodell der Evolution des Lebens auf der Erde gehen wir von der Vorstellung aus, dass die höchste Überlebenschance hat, wer nach dem Prinzip „survival of the fittest" dafür „natürlich" die besten Voraussetzungen mitbringt. Beim Menschen mit seiner Fähigkeit zur intelligenten Reflexion und freien Handlungsfähigkeit schließt das insbesondere mit ein, dass er die wichtigsten Lebensziele benennen, die beste Strategie zur Erreichung dieser Ziele entwerfen und sie dann auch am vollkommensten und schnellsten praktisch umsetzen kann. Solche Überlegungen zur Optimierung unserer Handlungen benutzen Modelle, bei denen die Zukunft als festgelegt betrachtet wird. Dies ist wie eine Herausforderung, bei den Olympischen Spielen ein 100 - Meter-Wettrennen zu gewinnen. Das ist ein klar fixiertes Ziel, dafür gibt es eine Maximierungsstrategie, in die neben körperlichen und psychischen Grundvoraussetzungen und der Auswahl der Kleidung vor allem die vorbereitende Konditionierung eingeht.

In unserer Wirklichkeit ist jedoch die Zukunft nicht festgelegt, sondern offen. Es gibt deshalb, streng genommen, nicht diese genau fixierten Ziele, wie bei einem sportlichen Wettkampf: Dass es diese Ziele nicht gibt, hat nichts mit Ignoranz zu tun. Das gilt vielmehr prinzipiell. Und dies gilt umso mehr, je mehr es uns dabei auf Genauigkeit ankommt oder je länger unser Planungshorizont ausgelegt ist. Grob und kurzfristig lassen sich natürlich immer Ziele ausmachen. Wie aber sollen wir unser Handeln auf eine Zukunft hin optimieren, deren Ziele unscharf, sozusagen „verwackelt" sind, eine Zukunft, die uns in großen Teilen unbekannt ist, ja, deren genaue Ausprägung sich erst als ein Ergebnis eines allgemeinen Zusammenwirkens gestaltet? Wenn wir jedoch nicht wissen, was morgen sein wird, wie sollen wir uns dann darauf einstellen?

Doch auch in diesem Fall gibt es noch eine erfolgversprechende Optimierungsstrategie, wenn wir wenigstens noch über Ahnungen verfügen, was uns möglicherweise in Zukunft erwartet. Diese Ahnungen erfordern, die Zahl der Optionen möglichst zu vergrößern, um abweichenden Situationen erfolgreich begegnen zu können. Eine solche Strategie der Differenzierung und Diversifizierung geht allerdings nur auf, wenn es gleichzeitig gelingt, die verschiedenen Optionen kooperativ zu integrieren, so dass die Unterschiedlichkeit nicht zu Spannungen und Konflikten, sondern zu einer höheren Flexibilität des Gesamtsystems führt. Dieser gegen-gerichtete Doppelprozess charakterisiert das wesentliche Prinzip der Evolution des Lebens: Einerseits eine fortwährende Differenzierung und Diversifizierung einer ursprünglichen Einheit. Und andererseits, parallel dazu oder nachfolgend, eine ständige Reintegration des Verschiedenartigen, welche diese Unterschiedlichkeit nicht auslöscht, sondern auf einer höheren Ebene konstruktiv und kooperativ zu einer neuen Einheit verbindet. Wir könnten diese innige Verknüpfung von Differenzierung und kooperativer Integration als das *Paradigma des Lebendigen* bezeichnen und festhalten: Letzten Endes ist die Menschheit Ergebnis einer vielfachen Wiederholung dieses sich hochschraubenden Kreisprozesses.

Sowohl die Differenzierung als auch die kooperative Integration verlangt genuine Kreativität. Spieltheoretisch betrachtet entspricht dieser Integrationsprozess einem Plus-Summen-Spiel, einem Gewinn-Gewinn-Spiel, bei welchem der Vorteil des einen auch zum Vorteil der anderen wird. Diese Spiele verlangen nicht einen Wettkampf sondern eine *Competition* im ursprünglichen Wortsinne, was eine „gemeinsame Suche nach Lösungen" meint. Es ist die schöpferische Leistung des erfolgreichen Plus-Summen-Spiels, das einen positiven Qualitätssprung zur nächsten Ebene, die wesentliche Wertschöpfung zur höher differenzierten und organismisch kooperativ verflochtenen neuen Einheit bewirkt. Das macht den Lebenszyklus zu einer aufstrebenden Lebensspirale.

Dieses Verhalten steht im Gegensatz zum Nullsummen-Spiel oder gar Negativsummen-Spiel unserer modernen Wirtschaft, einem Wettstreit, bei dem es am Ende immer Verlierer und Gewinner oder auch nur Verlierer – bis auf einen (the winner takes all) – gibt. Diese Prozesse charakterisieren mehr das Paradigma des Unbelebten, das auf machtvolle Einfalt zielt. Die ständige Forderung der Wettbewerbsfähigkeit

im Sinne unserer modernen Wirtschaft ist extrem lebens-
feindlich. Prozesse dieser Art behindern oder stoppen den
aufsteigenden Lebensprozess. Langfristig können sie deshalb
nicht gewinnen. Denn diese Prozesse prämieren letztlich diejenigen als Gewinner, welche die Natur und ihre Mitmen-
schen am schnellsten, raffiniertesten und umfassendsten aus-
beuten können. Wenn wir dies zur Maxime unseres Handelns
machen, sägen wir um die Wette an dem Ast, auf dem wir alle
sitzen. Der eine sägt schneller als ich, also muss ich schneller
sägen als er. Die Natur gibt sich gelassen. Sie regelt nach dem
ehernen Prinzip: Uneinsichtige sterben aus. Sie stürzen einfach ab bzw. werden als untauglich aus der Evolution entlas-
sen. Dies wäre ein wunderbares Prinzip, wenn es individuell
angewendet würde. Aber die Uneinsichtigen nehmen leider
bei ihrem Absturz auch die Einsichtigen mit. Ja, die Geschei-
ten und Warner sind oft sogar die ersten, die stürzen. Eine
schreiende Ungerechtigkeit? Aber vielleicht doch nicht ganz
unverständlich? Wenn es den Klugen nicht gelingt, die Uneinsichtigen von ihrem dummen Handeln abzuhalten, dann sind
sie eben nicht gescheit genug.

In ihrer Kurzsichtigkeit lassen sich freilich viele von der
Prognose eines unvermeidlichen Absturzes nicht beeindrucken. Ihnen genügt, wenn es ihnen vergönnt ist, die ihnen
noch verbleibenden Lebensjahre mit Erfolg und ausreichen-
dem Genuss auskosten zu dürfen. Für die Menschheit eine
möglichst lange Präsenz auf der Erde zu erbitten, wird oft
wie eine Art unbescheidener Forderung zurückgewiesen,
oder auch als Ausdruck der Feigheit von Menschen, die aus
Angst zu scheitern der Wagmut zu Neuem verlässt. Alles Leben, wird dann eingewendet, sei letzten Endes mit Scheitern
verbunden, auch die mächtigen Dinosaurier seien letztlich
gescheitert. Das ist alles nicht ganz falsch. Aber es lässt die
Einsicht in die Verbundenheit von allem mit allem vermis-
sen und auch die Einsicht, dass eigentlich nie zu einem be-

stimmten Zeitpunkt etwas ganz Neues beginnt, das dann einige Zeit später wieder ganz verschwindet. In gewisser Weise tragen *alle* die Geschichte der anderen in sich.

Im Vergleich zum Dinosaurier sollten wir uns auch daran erinnern: Er hat immerhin etwa 40 Millionen Jahre unsere Erde bevölkert. Sein Aussterben, zusammen mit einer riesigen Anzahl von anderen Lebensformen, wurde vermutlich durch eine Naturkatastrophe (Einschlag eines großen Meteoriten) verursacht. Die Menschheit hat jedoch, wenn wir auch noch ihre Hominiden-Vorfahren dazu zählen, erst weniger als ein Zehntel dieser Zeitspanne hinter sich gebracht. Wir könnten uns gratulieren, wenn wir nur halb so weit wie die Dinosaurier kommen. Wir brauchen auch, um uns eine längere Präsenz auf der Erde zu sichern, gar nicht so ängstlich und zögerlich vorzugehen. Die irdische Natur hat in ihrer über dreieinhalb Milliarden Jahre dauernden Geschichte eine solch immense Robustheit erlangt, dass wir ihr x-mal gegen das Schienbein treten können, ohne dass sie wimmernd zusammenbricht. Es kommt aber auf die Stärke des Schlages an. Irgendwo gibt es auch für die Erde und ihr gewachsenes Biosystem eine Grenze, bei deren Verletzung ihr robustes Immunsystem überfordert wird.

Die Belastungsgrenze des irdischen Biosystems von 9 Terawatt entspricht etwa einer ständigen Bombardierung der Erde mit einer Hiroshima-Atombombe pro Minute. Die menschlichen Eingriffe haben inzwischen diese Größenordnung schon erreicht. Wir müssen sie dringend begrenzen oder sogar herunterfahren.

Die Probleme, die wir uns selbst geschaffen haben, sind überwältigend. Die Frage ist daher berechtigt und notwendig: Was können wir dem Menschen zumuten und was von ihm erwarten? Zwischen einer gewaltigen Überschätzung und einer möglichen Unterschätzung seiner Fähigkeiten liegt das Spektrum der Meinungen zu dieser Frage. Um sie richtig zu beantworten, ist zunächst dies wichtig: Wir müssen den gewaltigen Unterschied zwischen einem Menschen, einer Artikulation des (in unserem Sprachgebrauch) Lebendigen, und einem Roboter, einem Konstrukt des Unbelebten, deutlicher machen. In unserer Welt der im Vergleich zum kreativen Handeln dominierenden Erwerbsarbeit wird dieser Unterschied immer mehr verwischt, und genau das führt zu dramatischen Fehleinschätzungen und Problemen. Wir brauchen dringend eine neue Einschätzung und verstärkte Betonung des Spirituellen im Vergleich zum Materiellen. Vielleicht ist eine zweite Aufklärung nötig, welche deutlicher die prinzipiellen Grenzen gerade unseres herkömmlichen Konzepts der auf Rationalität focussierten Aufklärung zeigt, ohne jedoch das durch sie gewonnene rationale Territorium aufzugeben. Es geht vielmehr darum, dieses einseitige Verständnis von Aufklärung so zu relativieren, dass dem unmittelbar Erlebten wieder der ihm gebührende Freiraum zurückgewonnen werden kann.

Wir haben als Menschen die erstaunliche Gabe, uns – mit einiger Erfahrung ohne große Mühe – mit dem nicht zerlegbaren Komplexen auseinander zu setzen. Dies geschieht nicht auf einem Niveau des Begreifens oder auch Verstehens. Es ist vielmehr eine intuitive Fähigkeit, im Komplexen auf einen Blick das für uns jeweils Relevante zu sehen, also die zwei, drei paar wichtigen Aspekte, auf die es uns im Augenblick vor allem ankommt, aus einem verschwommen bleibenden Hintergrund herauszulösen. Wir gewinnen dabei den Eindruck, dass eine wesentliche Leistung in der effektiven Verdrängung und Unterdrückung dieses Hintergrundes liegt, so dass nur wenige Strukturen als Muster vor unseren Augen übrig bleiben. Diese Reduktionsfähigkeit macht es uns etwa möglich, in der Fußgängerzone im dichten Menschengewühl plötzlich einen Bekannten zu erkennen, noch bevor wir sein Gesicht gesehen haben. Diese Fähigkeit des

Menschen, eine Art raffinierter Mustererkennung, kann ein Computer nicht imitieren. Dessen „Wahrnehmung" sind gigantisch viele, absolut präzise Minimal-Informationen, 0 oder 1, aus deren Kombination er das Ganze erschließen muss. Ein zusätzliches Komma etwa hindert ihn allerdings schon daran, zwei Schriftstücke als identisch zu deklarieren. Er stockt, wenn wir ihm nicht exakte und vollständige Befehle erteilen. Im Vergleich zum Computer ist der Mensch also enorm fehlerfreundlich, wir könnten auch sagen: tolerant, weil er sich nicht an präzisen Bildern, sondern an Mustern orientiert. Das ist nicht nur beim Erkennen, sondern auch beim Zusammenleben, ein großer Vorteil. Es spiegelt auch Assoziationsvermögen und Kreativität des Menschen wider. Bei Handlungen, die Exaktheit verlangen, ist dies freilich ein Nachteil, da es zu Fehlern führt und sich als Ungenauigkeit und Unzuverlässigkeit auswirkt. Dieser Vergleich macht die prinzipielle Komplementarität sichtbar, die zwischen Exaktheit und Relevanz besteht: Das sind zwei unterschiedliche Betrachtungen, bei denen die eine auf die Details fokussiert ist und die andere auf die Wechselbeziehungen. Die Betonung des einen schwächt notwendig die Wahrnehmung des anderen.

Für die Einschätzung der Möglichkeiten des Menschen und seiner Zukunft bleibt also festzuhalten: Wir sollten den Menschen nicht mit einem Computer vergleichen. Was Genauigkeit, Schnelligkeit und Gedächtnis angeht, wird er diesen (nur komplizierten und nicht komplexen) technischen Geräten immer unterlegen bleiben. Die Überlegenheit des Menschen liegt im Erkennen von Zusammenhängen, und sie liegt in seiner Robustheit gegenüber Fehlern, kleinen Abweichungen und Unvollständigkeiten, die er aufgrund seiner Assoziationsgabe und Kreativität ignorieren, korrigieren oder ergänzen kann. Das komplexe konstruktive Zusammenspiel des Lebendigen beruht entscheidend auf dieser Flexibilität.

Die Bildung und Ausbildung des Menschen muss die im Vergleich zu einem Computer komplementären Aspekte betonen. Dies hieße etwa: Wenn ein Schüler einen Fehler macht, sollte dieser nicht gleich mit roter Tinte korrigiert werden, wir könnten vielmehr zunächst voll Freude feststellen: Hier wurde ein Fehler gemacht! Was können wir vielleicht daraus lernen? Denn ein „Fehler" ist oft eigentlich gar kein Fehler, sondern nur eine Abweichung von einer Norm, an die wir uns bisher gehalten haben. Im menschlichen Zusammenleben brauchen wir freilich solche normativen Vereinbarungen, um unsere Verständigung zu vereinfachen. Andererseits sind es gerade derartige Variationen, die das Kreative ausmachen. Die Evolution des Lebendigen beruht genau darauf. Das Künstlerische, die Kunst und die Musik, erlaubt und kultiviert diese Fehlerfreundlichkeit, diese Offenheit und Flexibilität. Die Evolution entfaltet sich, indem sie alte Themen variiert und auf diese Weise sich ein viel größeres und höher dimensionales Territorium erschließt.

Was heißt dies nun für die Entwicklung der Gesellschaft? Meine Überzeugung: Wir brauchen für wesentliche Veränderungen unserer Gesellschaft keine sichtbaren Mehrheiten; was wir aber brauchen sind Minderheiten, die Vorbilder liefern, an denen sich andere orientieren können und im Blick auf die sie sich trauen, das zu denken, was sie im Hintergrund schon empfinden. Ich hege deshalb die optimistische Überzeugung, dass wir die Menschen nicht alles lehren müssen. Wir müssen sie in vielen Fällen nur an das erinnern, was sie eigentlich ahnen, was sie insgeheim schon wissen, aber nur vergessen haben. Für mich ist in mutlosen Phasen immer eine alte – wie ich hörte, tibetanische – Weisheit ein großer Trost, die sagt: „Ein Baum, der fällt, macht mehr Krach als ein Wald, der wächst." Wir alle lassen uns von fallenden Bäumen sehr beeindrucken. Alle Geschichtsbücher erzählen von solchen fallenden Bäumen: von mächtigen Reichen, die in sich zusammenstürzen, von ruhmreichen Feldherrn, die in blutige Schlachten ziehen, von verlustreichen Eroberungen und all den unzähligen schrecklichen Ereignissen, kurz: von Tod und Zerstörung. Man fragt sich auf diesem Hintergrund, warum überhaupt noch irgend etwas auf dieser Erde so heil geblieben ist, und wundert sich, dass Menschen wie wir heute noch existieren. Ähnlich geht es uns, wenn wir jeden Tag die Schlagzeilen der Zeitungen lesen und die Katastrophenmeldungen in allen Medien verfolgen. Die Welt ist nicht mehr zu retten! So muss es uns erscheinen. Aber unsere Wahrnehmung ist verzerrt, das meiste lebt weiter. Warum? Das ständige, von uns kaum bemerkte langsame Wachsen des Waldes im Hintergrund ist der wesentliche schöpferische Beitrag, der trotz der fallenden Bäume dem Wald seinen Fortbestand sichert. Und es waren in der historischen Entwicklung, wen überrascht das schon, vor allem die Frauen, die, unerwähnt in der (männlich dominierten) Geschichtsschreibung, geduldig und aufopfernd immer wieder auf den Trümmern, unter schwierigsten Bedingungen, neues Leben entstehen ließen. Dieser wachsende Wald ist auch heute noch da. Und ich begegne ihm täglich mit Freude und Dankbarkeit bei meinen vielen öffentlichen Vorträgen. Und auch heute wieder wird nach meinem Eindruck der „wachsende Wald" hauptsächlich von Frauen repräsentiert, die sich stärker einem gedeihlichen Zusammenleben und Wohlergehen zukünftiger Generationen verpflichtet fühlen als die Mehrheit der Männer. Meine Hoffnung richtet sich deshalb hauptsächlich auf die Frauen. Sie bilden 50 Prozent der Menschheit. Und wenn dann noch ein paar von uns Männern dazukommen, dann sollten wir doch eine ausreichende Mehrheit zusammenbringen, um die dringend gebotene Neuorientierung unserer Gesellschaft in Richtung auf zukunftsfähige Lebensweisen auch politisch durchzusetzen.

Oft werde ich gefragt: Braucht man für all das nicht ein völlig neues Denken? Wenn ich das glauben würde, hätte ich schon längst das Handtuch geworfen. Insgeheim, davon bin ich fest überzeugt, wissen oder ahnen wir das Wesentliche. Wir müssen uns nur wieder mehr unserer reichen inneren Quellen bewusst werden. Sie sind zweifellos da, verschüttet nur vom Geröll hektischer Aktivitäten, übertönt vom materiellen Lärm unseres Alltags. Manche predigen darüber am Sonntag, meinen aber am Montag, es sei in der realen Welt nicht anwendungsfähig. Ich bin sicher: Es *ist* anwendungsfähig. Die großen Weltreligionen zeigen doch, was zu machen und was insbesondere zu unterlassen ist. Wir sind nicht „von Natur aus" nur diese aggressiven Egoisten, als die eine wettbewerbs-getriebene Zivilisation den Menschen vornehmlich sieht. Im Gegenteil: Wir sind als Partizipanten und Überlebende in einer mehrere Milliarden Jahre langen, erfolgreichen Evolution des Lebendigen optimal für kooperative Gesellschaftsformen prädestiniert. Unsere Kinder und Enkelkinder führen uns täglich vor Augen, wie wunderbar wir Menschen unseren Lebensweg beginnen. Was passiert aber, dass nach ein paar Jahrzehnten soviel Verkorkstes herauskommen kann? Und das nicht nur bei irgendwelchen anderen, sondern auch bei uns selber. Meine Überzeugung: Wir haben eben noch nicht richtig verstanden, auf was es letztlich wirklich ankommt: Wir müssen wieder stärker auf unsere Träume hören und auf die verwandelnde Kraft der Hoffnung vertrauen.

Träume, Visionen, Hoffnungen sind nicht nur Gebilde, mit denen wir versuchen, einem mühseligen, eintönigen und bedrückenden Alltag zu entfliehen und uns gedanklich und emotional in eine für uns bessere Welt zu versetzen. Nein! Träume, Visionen und Hoffnungen sind notwendige erste Schritte auf dem Wege, um Zukunft selbst gestalten zu können. Und wir können viel mehr machen und verändern, als wir gemeinhin denken, weil wir prinzipiell Zugang zu Instabilitäten haben, wo kleine Anregungen große Wirkungen auslösen können. Wir müssen allerdings aufpassen, nicht in einen Teufelskreis von selbstgeschaffenen Sachzwängen zu geraten, deren Eigendynamik uns die Freiheit raubt, die wir prinzipiell haben.

Im Augenblick stecken wir in einem solchen Teufelskreis, der mich sehr an das Ende des Kalten Krieges erinnert. Damals saßen sich Ost und West in Abrüstungskommissionen gegenüber: Einige fragten sich, wie sie aus diesem unsinnigen und katastrophenträchtigen Rüstungswettlauf aussteigen könnten. Wir sind heute wieder in einer ähnlich katastrophalen Situation. Die allenthalben erhobene Forderung nach wirtschaftlicher Wettbewerbsfähigkeit ist doch das Eingeständnis, dass wir die ökonomische Rüstung nicht ohne großen eigenen Schaden zurückfahren können. Um dieses ökonomische Wettrüsten zu gewinnen, sind wir aber heute dabei, alles aufzuopfern, was wir in den letzten Jahrzehnten und Jahrhunderten an Menschlichkeit in unsere Gesellschaft hineingebracht haben. Wir müssen uns überlegen, wie wir diesen Teufelskreis aufbrechen, so wie dies beim Kalten Krieg dann letzten Endes doch gelungen ist.

Wenn wir an eine globale Gesellschaft denken, dann sagen wir nicht: Lasst uns alle Schranken niederreißen! Sondern wir achten dabei darauf, die Individualität des Menschen zu schützen. Die Forderung: die Würde des Menschen ist unantastbar, ist für uns nicht nur eine moralische Verpflichtung, wir erkennen dabei auch, dass der Menschheit als ganzer mehr gedient ist, wenn sie jeden Menschen als einmalig betrachtet. Das ist doch wunderbar: Denn wir können dann im Wechselspiel miteinander eine Flexibilität bekommen, mit der wir ein viel größeres Wirklichkeitsfeld austasten können, als wenn wir alle dasselbe denken und machen würden. Aber wie gesagt: Unsere Grenzen untereinander sind keine Mauern, es sind nur Hecken, die eine qualifizierte Durchlässigkeit haben wie die Membranen zwischen den Zellen. Deshalb ist es außerordentlich wichtig, dass wir uns auch Gedanken darüber machen, was uns letzten Endes *im Grunde gemeinsam* ist.

Das Allerwichtigste dabei ist aber, dass wir die Angst vor dem Andersartigen verlieren und lernen, mit der Unsicherheit zu leben. Denn gerade an den Punkten, wo wir uns am unsichersten fühlen, sind wir auch am aufgeschlossensten und damit wohl auch am humansten.

4. Ahnung. Religion

In der Euphorie des erfolgreichen und glorreichen Anfangs und des Aufschwungs des rationalen Denkens nach der Aufklärung war Wissenschaft ein mächtiges Instrument, um sich gegen jegliche Bevormundung durch die traditionellen Mächte zu wehren. Wissenschaft schickte sich an, die Religionen völlig zu verdrängen – in dem Glauben, dass mit Hilfe des von der Wissenschaft aufgedeckten Wissens der Glaube und damit Gott und die Religionen letztlich überflüssig werden und nur noch für eine begrenzte Übergangszeit als „Lückenbüßer" für das „Noch-nicht-Gewusste" eine beschränkte Rolle spielen müssen. Die Wissenschaftler schienen nun endlich die Menschen zu sein, die berechtigt waren, kompetent über das wirklich Wahre zu sprechen, während man diese ausgezeichnete Kompetenz früher, etwa zur Zeit der Inquisition, dem damaligen Klerus einfach glauben musste.

Die eindrucksvollen Erkenntnisfortschritte in den Naturwissenschaften hatten die besonders in der Aufklärung gehegte Hoffnung verstärkt, dass letztlich und prinzipiell alles in dieser Welt menschlicher Erkenntnis zugänglich sei und der bisher als nicht zugänglich erscheinende Teil sich nur aufgrund seiner größeren Kompliziertheit unseren rationalen Einsichten entzieht. Die aus der rationalen Reflexion geborene Erkenntnistheorie hat jedoch frühzeitig darauf aufmerksam gemacht, dass ein strukturiertes System zwar sehr wohl Untersysteme bewerten kann, aber nicht Systeme, die ihm übergeordnet sind. Wir können nicht mehr unmittelbar begreifen, was das Vermögen unserer Denkprozesse überschreitet. Ebenso wie wir den blinden Fleck in unserem Auge nicht ohne einen Kunstgriff wahrnehmen können;

weil wir, von Geburt an, an ihn gewöhnt sind, so fällt es uns schwer, ohne besondere Hinweise die Beschränkungen unserer gewohnten Einsicht zu erkennen.

Die heute dominierende selbstbewusste Naturwissenschaft überschätzt ihren Wahrheitsanspruch. Auch sie irrt, und sie irrt in manchen Punkten in gefährlicher Weise. Wir müssen sie ernsthaft ermahnen, ihre großen Erfolge nicht so zu missdeuten, als ob sie nun, gewissermaßen in der Nachfolge der Religion, letztlich auserkoren sei, die eigentliche Wahrheit zu finden und zu verkünden.

Im Augenblick sind wir in der Situation, dass diese Wissenschaft sich aufspielt wie die Inquisition zu Zeiten Galileis, wo es hieß: Wir wissen die Wahrheit, und du bist der Abtrünnige. Wir haben gelernt, dass die katholische Kirche in dieser Anmaßung falsch lag. In gewisser Weise spielt heute die Wissenschaft die Rolle der Inquisition, die uns zwar nicht verbrennen wird, wenn wir nicht glauben, die uns aber einen Ignoranten nennt und einen Job verweigern wird. Auch wenn wir einsehen, dass die Wissenschaft ein phantastisch gutes Instrument ist, Dinge besser zu begreifen, so müssen wir doch den Wahrheitsanspruch abändern, den sie für sich fordert. Es gibt nicht die *eine* Wahrheit. Das wäre ja wieder ein Ja oder Nein, und in dieser Form lässt sich, nach heutiger Einsicht, über Wahrheit nicht entscheiden.

Die Wahrheiten des Wissenschaftlers und des Gläubigen sind verschieden. Doch sie versuchen Antworten auf letztlich dieselbe Frage. Sie spiegeln in gewisser Weise nur unsere doppelte Beziehung zur Wirklichkeit wider. Das die Welt beobachtende Ich-Bewusstsein einerseits, und das mystische Erlebnis der Einheit andererseits, charakterisieren komplementäre Erfahrungsweisen des Menschen. Komplementär bedeutet hier: Beide sind möglich, sie ergänzen sich und schließen einander gleichzeitig aus, ähnlich wie „Raumerfüllung" und „Zwischenraum" oder im bekannten Rubinschen

Vexierbild die „beiden zugewandten Profile" zu der zwischen ihnen aufgespannten „Vase". Es sind zwei Arten des „Wissens", das „begreifbare Wissen" und die „Gewissheit des inneren Zusammenhangs", die „Außenansicht" mit der Trennung von Beobachter und dem Beobachteten und die „Innensicht", oder besser fließend: das Innensehen, oder (als Verb) „innen sehen", das dem Wesen nach immer holistisch ist, wo a-dual das Wahrnehmende auch gleichzeitig das Wahrgenommene ungetrennte Eine ist. Erfahrung bedeutet beides: Außenansicht und Innensehen.

Doch auch äußere Erfahrung ist letztlich wieder nur als inneres Erfahren, durch spontane Evidenz spürbar. Auch dort ist nur Gewissheit, wenn es in mir tönt: Es ist so! Ja, ich habe verstanden! Es gibt nichts, was durchgängig bewiesen werden kann. Vielmehr mündet alles am Ende in unmittelbare Erfahrung, die ich durch Identifizierung schlicht außerhalb von allem Dualismus als wahr erlebe.

Aus einem Studium von 3.000 Jahren Wissenschafts- und Kulturgeschichte habe ich gelernt, dass zu jeder Zeit die Gefahr besteht, die Wahrheiten, die wir gefunden zu haben glauben, in ihrer konkreten Ausdeutung und Bedeutung zu überschätzen. Aber wir sollten nun nicht in den Fehler verfallen, alles was nicht allen rationalen Argumenten standhält, völlig zu verwerfen. Interessant erscheint mir aus heutiger Sicht, dass vieles, was sich einmal in einem tieferen Sinne als wahr erwiesen hat, in gewisser Interpretation auch wahr bleibt, obwohl die Aussagen in ihrer Fülle, konkret betrachtet, auseinander klaffen und sich sogar widersprechen. Solche Aussagen dürfen immer nur als Gleichnisse für das nicht begreifliche Transzendente gesehen werden. Sie werden deshalb erst von einer höheren Warte aus miteinander verträglich. Dazu möchte ich ein Beispiel geben.

Stellen Sie sich einen Körper in vier Raum-Dimensionen vor. Selbst bei reicher Phantasie gelingt uns das nicht. Denn wir sind nur an die drei Raum-Dimensionen: Höhe, Breite Tiefe gewöhnt, die wir mit unseren Händen ertasten können, und wir haben auch nur diese in unseren Vorstellungen vor Augen. Unser Verständnis geht aber etwas darüber hinaus. Wir glauben vieles zu verstehen, was wir nicht begreifen können, also wovon wir letztlich im realen Sinne keine anschauliche Vorstellung haben. Ein vierdimensionaler Körper gehört vielleicht in diese Kategorie. Wie verschaffen wir uns ein Verständnis? Wir nehmen als Analogie den begreiflichen dreidimensionalen Körper. Den können wir auch aus der zweidimensionalen Perspektive verstehen. Wie ein Architekt brauchen wir dazu drei verschiedene Ansichten: Grundriss, Aufriss und Seitenriss. Wir können ihn auch auf dem zweidimensionalen Fernsehschirm darstellen, indem wir durch Drehung des Körpers im Bild seine jeweils dritte, verdeckte Dimension sichtbar machen. Auf ähnliche Weise könnten wir nun auch einen vierdimensionalen Körper durch seine vier Projektionen, alles dreidimensionale Körper, *verständlich* machen. Aber *begreiflich* wird uns der vierdimensionale Körper durch den Trick einer vorgestellten gleichzeitigen Zusammenschau immer noch nicht.

Gott und alles Unbegreifliche sind zwar weitaus unverständlicher als ein vierdimensionaler Körper. Aber sie teilen mit diesem die Eigenschaft, dass wir sie uns *nicht vorstellen können*. Analog wie bei den vier verschiedenartigen dreidimensionalen Projektionen des vierdimensionalen Körpers wird uns in verschiedenen Weltreligionen auch Gott und das Transzendente vorgestellt. Sie machen unterschiedliche Aussagen, und wir streiten uns, welche von ihnen wohl die eigentliche Wahrheit verkündet. Trotz ihrer teilweisen Widersprüchlichkeit könnten alle sich als wahr erweisen, wenn es uns gelänge, sie von einer höheren Dimension aus zu betrachten. Eine Koexistenz der verschiedenen Religionen und Kulturen ist daher dringend notwendig. Sie sollten sich nicht nur wechselseitig tolerieren, sondern als gleichrangig respektieren und versuchen zu *erahnen*, welche Potenzialität sich auf einer höheren Ebene hinter ihren verschiedenen konkreten Ausdruckformen verbirgt.

Unser Vorstellungsvermögen ist – wie auch schon unsere Wahrnehmung – sehr begrenzt. Diese Beschränktheit ist uns aus unserer begrenzten Perspektive nicht bewusst. So sehen wir die Farben von Rot bis zu Violett. Das ist gerade eine Oktave in einem praktisch unbegrenzten Spektrum von elektromagnetischen Schwingungen. Wir kennen heute aufgrund von physikalischen Messgeräten mehr als achtzig Oktaven, und nur eine ist mit dem verknüpft, was wir mit unseren Augen als Licht wahrnehmen. Die anderen Oktaven sind für uns sinnlich nicht direkt erfahrbar. Wir merken nicht, dass, wenn wir an einem Ende über das Rot hinausgehen, unsere Sehschärfe und Sehempfindlichkeit immer mehr abnehmen, bis wir nichts mehr sehen. Und dies geschieht auf ähnliche Weise am anderen Ende des Spektrum beim Violett, wo wir ähnlich unsere Sehkraft einbüßen.

Diese beiden Grenzen für unser Sehvermögen werden nun aber dadurch aufgehoben, dass wir alle Farben einem Farbkreis zuordnen, auf dem die beiden Grenzfarben nun nicht am weitesten voneinander entfernt sind, sondern in direkte Nachbarschaft kommen. Wir schließen den Kreis, indem wir die Sprungstelle von Rot und Violett sauber mit einer Farbe, dem Purpur, verkleben, die es in der Natur als Spektralfarbe, wie im Regenbogen, gar nicht gibt. Dieses Purpur gilt als eine heilige Farbe, die katholische Würdenträger auszeichnet. Sie ist sozusagen die Klebefarbe für den Kreis, die vor uns die beiden Grenzen unserer Wahrnehmung verbergen soll. Und das ist charakteristisch. Wir sollen nicht unnötig beunruhigt werden, dass wir von der Wirklichkeit nur einen winzig kleinen Teil sinnlich wahrnehmen können. Aber es sollen uns letztlich nur Informationen vorenthalten werden, die für unser Überleben unwichtig sind. Diese „Rücksichtnahme" verleitet uns andererseits zu einer irrigen Annahme: Jeder glaubt, die Welt, die er sieht, sei wirklich die ganze Welt. Da die Menschen aber die Wirklichkeit auf verschiedene Weisen zurechtstutzen, um besser handlungsfähig zu werden, entstehen Meinungsverschiedenheiten, weil letztlich jeder sich auf seine je eigen wahrgenommene Welt bezieht ohne sich ihrer Beschränktheit bewusst zu sein.

Die moderne Physik hat uns nun ein grandioses Weltbild beschert, das seinen Reichtum einer inhärenten Offenheit und „Lebendigkeit" verdankt, also dem Umstand, dass es eigentlich im alten Sinne gar kein festes Weltbild mehr ist. Es meint eine Grundbeziehung, eine Grundverbundenheit: Alles wurzelt in einer unauftrennbaren, irreduziblen Potenzialität, die Züge eines holistischen Geistes trägt. Sie ist keine Realität, sondern verhält sich zu dieser wie etwa die Ahnung, die Erwartung, die Hoffnung oder der Wille zu einer daraus möglicherweise entstehenden konkreten Handlung. Das Untrennbare spiegelt sich in einer fundamentalen Gemeinsamkeit wider. Die Evolution im Realen, der Gerinnungsprozess, der in jedem Augenblick passiert und als jeweilige Gegenwart erlebt wird, geht in Richtung auf teilweise Auftrennung, Diversifikation und Emanzipation. Auch das Erscheinen des wachen Bewusstseins in jedem von uns ist eine Art partieller Abspaltung: Ich löse mich in einer gewissen und beschränkten Weise aus dieser unauftrennbaren Wirklichkeit heraus und erfahre mich und das andere, die Welt, auf einmal als zwei verschiedene Dinge. Das eine, das Ich, das mystische lebendige Ich, steht nun der Welt, einschließlich des „Du" und auch sich als „eigenes Du", als „Ego", gegenüber und betrachtet so die Welt noch einmal von außen wie im Spiegel. Die Außenansicht kommt zum Innensehen hinzu. Eine Komplementarität baut sich auf zwischen dieser gröberen, wissbaren, dualen wach-bewussten Erfahrung und dem fundamentalen, unmittelbaren a-dualen Erleben, die verschiedenen Grundhaltungen entsprechend auf eigentlich inkompatiblen Niveaus angesiedelt sind.

In der abendländischen Geschichte stehen die beiden unterschiedlichen Grundhaltungen der Außenansicht und Innensicht in einem fruchtbaren Wechselspiel. Sie spiegeln sich in der Spaltung von Wissen und Glauben. Der Rationalismus und später die Aufklärung haben diese Spaltung vertieft und die zweiwertige Außenansicht zur einzig wahren, d. h. der Struktur der Wirklichkeit angemessenen Ansicht erklärt. Sie ist die Basis unserer triumphierenden Wissenschaft. Die Ausschließlichkeit unseres Denkens: „Wenn das eine richtig ist, kann nicht das andere auch richtig sein, also muss es falsch sein" hat viel Zank und Streit verursacht, vernichtende Kriege entfesselt und ungeheures Leid über die Menschen gebracht.

Die moderne Physik hat uns gelehrt, dass die Struktur der Wirklichkeit im Grunde eine ganz andere ist, als es uns die an unserem Handeln und Wissen entwickelte, dominante zweiwertige Struktur der uns direkt zugänglichen Lebenswelt suggeriert. Die von uns als allgemeingültig erachtete zweiwertige Außenansicht hat nur begrenzte Gültigkeit. Sie ist nur vergröbertes Abbild einer tieferen Wirklichkeit, deren Züge sich uns besser durch Innensehen offenbaren.

Wir müssen uns zunächst darüber im Klaren sein, dass wir bei der Betrachtung des materiell-energetischen Universums gewissermaßen nur auf Fußspuren des eigentlichen Geschehens schauen. Das heißt: Wir sehen nur gewisse Fußabdrücke von etwas uns Verborgenem und Unbegreiflichem. Wer oder was darüber gelaufen ist – und wie –, das sehen wir nicht. Was sich materialisiert hat, ist Ergebnis einer Art von Gerinnungsprozess von etwas nur Potenziellem. Nur diese Gerinnsel sehen wir, die aus etwas entstehen, das nur Gestalt und nicht schon Energie/Materie ist.

Doch ist die Vorstellung eines Gerinnungsprozesses für diesen Übergang etwas irreführend, weil sie so etwas wie einen Phasenübergang, wie beim Gefrieren von Wasser zu Eis, suggeriert. Der Vorgang sollte eigentlich mehr mit dem Bedeutungswandel beschrieben werden, der passiert, wenn wir bei der Betrachtung einer großen Menschenmenge, zum Beispiel bei einer Großdemonstration, unser Augenmerk von den differenzierten Aktionen der einzelnen Protestierenden weg auf Bewegungen der Menschenmassen im Großen richten, etwa wenn sich die Gefahr einer Konfrontation abzeichnet. Es ist die Betrachtung der gleichen Situation, doch einmal im vielfältigen filigranen Detail und dann in vergröberter, aus einer emotional mehr entkoppelten Sicht, welche nur noch die allgemeine Tendenz registriert, den geronnen erscheinenden Protestzug, in dem jedoch immer noch die volle Lebendigkeit brodelt.

Im neuen Weltbild geht das Eine oder Nicht-Zweihafte bei seiner Differenzierung und auch Diversifizierung nie verloren, da dabei die Gemeinsamkeit nie ganz aufgegeben wird. Es wird letztlich nur eine partielle Trennung, eine partielle Schwächung der Beziehung zwischen Unterschiedlichen organisiert. Dies steht im Gegensatz zum alten klassischen Weltbild, wo dieser Zustand durch ein Zusammenkommen von ursprünglich streng Getrenntem entsteht. Das heißt, der neue Kosmos entspricht, die allgemeine Verbundenheit charakterisierend, einem einzigen Lichtball, der nun durch Wechselwirkung mit sich selbst ähnlich wie bei der Interferenz von Wellen, Schattenzonen erzeugt, welche die Differenzierung einleiten und die Diversifikation ermöglichen. Der Schatten ist jedoch nie ganz lichtlos und entspricht deshalb nur einer Fasttrennung, die als verbleibende Wechselwirkung zwischen Getrennten interpretiert werden kann.

Was die Menschen als Gott bezeichnen, entspringt einer überwältigend intensiven Erfahrung, die mit dem Gefühl der Selbstaufgabe im Sinne eines Verlusts des Ego verbunden ist. Es ist eine Hinwendung zum mystischen Ich, eine freudige Hingabe, die ohne Angst ist, weil sich im tiefen Selbst das Ich zum unbegreiflichen Ganzen weitet. Es ist verständlich, dass wir die Begegnung mit dem Göttlichen mit einer innigen menschlichen Beziehung vergleichen. Es ist ein eindrucksvolles Gleichnis. Welch andere Metapher steht uns dafür in unserer beschränkten Sprache zur Verfügung? Aber die völlige Hingabe ist bei dieser Begegnung wesentlich. In der Hingabe verwandelt sich Kommunikation zur Kommunion. Mein Selbst, das noch meinen Namen trägt, geht dann verloren. Es geht nicht eigentlich verloren, sondern es geht auf in dem größeren Selbst, das letztlich in das Ganze, die Nicht-Zweiheit, die Advaita mündet. Ich sollte nicht versuchen, meine Individualität auch durch dieses Erleben hindurch zu retten. Aber im Augenblick der vollkommenen

Hingabe sind wir uns nicht bewusst, dass wir unsere Individualität aufgegeben haben. Das ist genauso wie auch die Ahnung mir nie wach-bewusst wird. Ich gebe mich hin, das ist genauso wie: Ich ahne. Ich weiß nur hinterher, da ist irgendetwas passiert. Ich denke, dass Gott eine Metapher für irgendetwas ist – nein kein *etwas*, ja, da fehlen uns einfach die Worte, weil es etwas Unbegreifliches ist –, was hinter dem Begreiflichen steht, aber in unserem Erleben deutlich Spuren hinterlässt. Aber vielleicht habe ich damit schon zu viel gesagt.

Wenn der Ozean ganz ruhig ist, symbolisiert er eigentlich das Leere. Er hat keine Struktur, erlaubt keine offensichtliche Differenzierung. Da ist sozusagen der Geist noch ganz ungeprägt. Aber die Evolution führt nun in der Zeit dazu, dass sich hier etwas wellt. Es entstehen Wellen verschiedener Art, eine komplexe Struktur. Und nach einer langen Zeit werden die Wellen so hoch, dass sich auf einmal weiße Schaumkronen bilden. Wenn ich aus großer Entfernung hinunter auf das Meer schaue, dann sehe ich weiße Flecken, getrennte Flecken, und ich sage: Aha, die Wirklichkeit ist aus weißen Flecken zusammengesetzt. Sie sind irgendwie miteinander verbunden, aber zugleich auch getrennt. Ich erkenne aus dieser Distanz nicht, dass das Weiße nur der Schaum ist, der die Wellen krönt. Und die Wellen wallen auf und sinken wieder hinunter. Ich will einmal den Schaum als eine Metapher für das wache Bewusstsein nehmen. Das hat sich nun schon so mit der Luft verbunden, dass es meint: Ich habe mit dem Wasser gar nichts zu tun, ich bin eigentlich mehr Luft. Und die Luft unterhält sich jetzt mit der Luft, die in einzelnen Wassertropfen da oben gefangen ist, und so entsteht die Außensicht; und das wache Bewusstsein erkennt die anderen Wellen, die anderen Schaumkronen, und erkennt: Die andere Schaumkrone, das Du, sieht ja so ähnlich aus wie mein Ich. Also nach dem Du entdeckt das Ich sich selbst als etwas Äußeres, als sein Ego. Wenn meine Welle hinuntergeht, dann gehe ich also, dann falle ich wieder zurück in den Zustand, aus dem ich vorher gekommen bin. Was passiert aber mit meiner Schaumkrone? Sie verschwindet nicht, sondern verteilt sich nur auf andere Wellen, die wieder aufsteigen. Die Schaumkrone ist gewissermaßen unvergänglich, aber die Zuordnung zu mir, die sie als meine Schaumkrone ausgewiesen hat, geht verloren.

Das ist so etwa ein Bild, das mir vor Augen schwebt, wenn ich an meine Individualität und an die Frage eines Fortlebens nach dem Tode denke. Ja, es drückt aus, dass wir schon so etwas wie ein Fortleben haben, aber nicht in dem Sinne, dass hier irgendwie notiert wird: Dies sind die Schaumblasen von Hans-Peter! Welchen Sinn sollte diese Buchhaltung haben? Soll am Ende eine Rechnung aufgemacht werden, wer welchen Schaum ursprünglich geschlagen hat, wo wir den Hauptteil des Schaumes von anderen vor uns aufgenommen haben? Der Schaum ist das Wissen oder die Weisheit des Lebendigen, ein Wissen, welches das Lebendige im Laufe der Evolution durch ständige kreative Wertschöpfung beigetragen hat. Die verwendeten Bilder sind zweifellos zu billig und einfältig. Ich möchte das Gemeinte daher nochmals in nüchternen Worten wiederholen: Alles in unserer Wirklichkeit, unserem lebendigen Kosmos partizipiert aktiv und kreativ an einem Lernprozess, der im Grunde ein gemeinsamer Lernprozess ist für alles in der Welt. Hier wird ein kosmisches Wissen oder eine kosmische Weisheit angesammelt. Eine Art gemeinsame Software, ein kosmischer Geist, der im Hintergrund das materiell-energetische Weltgeschehen leitet. Die für uns erfahrbare Welt sind nur Erscheinungsformen wie Fußabdrücke, die in ihrer enormen Vielfalt und der organismischen, kooperativen Verflechtung ein lebendiges Abbild der intrinsischen geistigen Fülle zum Ausdruck bringen.

Der Geist ist am Fundament der Wirklichkeit. Er kommt nicht erst durch Menschen in die Welt, sondern er wird durch den Menschen zum ersten Mal bewusst erfahrbar.

Die Frage nach der Sinnhaftigkeit unseres Lebens kann nicht im Rahmen unseres begrifflichen Denkens gestellt werden. Der Sinn eines „Teils" ergibt sich immer nur in Bezug auf den Hintergrund, auf das Ganze, in dem dieses Teil unauftrennbar eingebettet bleibt und aus dem nichts herausgelöst werden kann. Die Frage nach dem Sinn ist nicht zulässig, weil sie aus der Begriffsebene, in der sie gestellt wird, „nach oben" hinausführt. Sie ist so unzulässig wie etwa die Frage nach der Farbe eines geometrisch definierten Kreises. Jedenfalls erschließt sich der Sinn des Lebens nicht dadurch, dass Unzusammenhängendes, wie Materieteile oder scharf abgetrennte Informationsteile, wie bits bei einem Computer, immer komplizierter angehäuft und vernetzt werden. Die Frage nach Bedeutung verlangt immer eine noch höhere Ebene, in die wir nicht durch raffiniertes Kombinieren, durch eine geeignete Syntax, gelangen können. Die Sinnhaftigkeit steckt von Anfang an in dem System als ganzem. Oder besser: Die Sinnhaftigkeit von etwas ergibt sich aus der *Beziehung* des nur konstruiert Abgetrennten in Bezug auf den Hintergrund, in den es immer eingebettet bleibt. In dem *Erfahren dieser Beziehung* begegnen wir dem Religiösen.

Transzendenz vermitteln zu wollen versetzt uns in eine Lage, in der wir versuchen, einem anderen ein Gefühl dafür zu geben, was Fliegen heißt, obwohl wir beide nicht fliegen können. Aber wir können uns dem annähern durch immer größere Sprünge. Wollen wir weit springen, dann brauchen wir einen kräftigen Anlauf. Wir laufen immer schneller und kommen immer näher dem Brett, wo wir abspringen sollen, ohne sicher zu sein, ob wir das wirklich schaffen und ob der Sprung unsere Erwartungen überhaupt erfüllen kann. Unser

Engagement bei solchen Versuchen kann sehr intensiv und beflügelt sein, und schon der Anlauf vermittelt uns ein Gespür für den Sprung. Denn je schneller wir laufen, umso mehr lösen wir uns von der Erde. Wir bekommen also schon das Gefühl, dass wir in Schwingung kommen und etwas leichter werden. Aber ob sich wirklich die Hoffnung auf ein Fliegen erfüllt, hinterher, nachdem wir abgesprungen sind, das wissen wir nicht. Oder doch? Insgeheim wissen wir ja, dass sie sich nicht erfüllen kann. Es wird allerhöchstens ein Riesensprung werden – oder auch nur ein Stolperer – und wir werden uns dann fragen, warum wir eigentlich so schnell angelaufen sind. Viele wagen den Sprung erst gar nicht. Sie bleiben einfach vor dem Absprungbrett stehen oder laufen enttäuscht darüber hinweg, vielleicht mit der Absicht, es nochmals, aber etwas anders, zu probieren. Vielleicht überlassen sie es dann einfach anderen, sich das Fliegen vorzustellen, auch das Fliegen, das wir im Kopf haben, während wir anlaufen und das Gefühl, wenn wir gerade vom Boden abheben.

Worte sind ja immer nur Gleichnisse für das, was wir schwebend und fliegend leben und erleben und über das wir dann hinterher sprechen. Die Schwierigkeit bei dieser Übersetzung in Sprache liegt darin: Wenn wir Gleichnisse verwenden, liegt es nicht in der Macht des Deutenden, dass diese Gleichnisse auch bei anderen ankommen und verstanden werden. Ein Aha-Erlebnis wird nur ausgelöst, wenn schon eine gewisse Bereitschaft vorhanden ist und Sensibilität geweckt worden ist. So können wir auch vermitteln, was Fliegen ist.

Weltbilder sind für uns wesentlich, weil sie auch unser Selbstbild verändern. Es ist deshalb wichtig, diese Weltbilder genauer anzuschauen – nur dann verstehen wir uns selbst. Aufgrund der neuen quantenphilosophischen Sicht der Welt ist der Mensch ein Teil der Natur und kein unabhängiger objektiver Beobachter außerhalb von ihr. Natur kann hierbei nicht wie in der mechanistischen Weltsicht als ein kompliziertes, deterministisches Getriebe gesehen werden, sondern muss gedeutet werden in der ursprünglichen Bedeutung im Sinne eines Gewachsenen, einer Schöpfung. Sie ist ja, wie wir gezeigt haben, nichts Festes, sondern etwas, was dauernd entsteht und sich kreativ weiter entwickelt.

Es ist schwer, über einen unauftrennbaren Kosmos zu sprechen, da uns eine geeignete Sprache dazu fehlt und Erklärungen immer auf Differenzierung und Zerlegung beruhen. Die Beschreibung etwa der prinzipiell immer ganzheitlichen Schönheit eines Bildes kann aber verschiedene Artikulationen zu Hilfe nehmen, durch die wir das Bild gedanklich nicht zerschneiden, sondern nur eine geeignet gebündelte Aufmerksamkeit über das Bild gleiten lassen. Dies gilt nicht nur für das räumliche Nebeneinander, sondern auch für das zeitliche Nacheinander. Wir haben neue Wörter wie „Wirks" und „Passierchen" eingeführt, die beide zeitlich ausgedehnt, aber räumlich weniger oder mehr konzentriert gedacht werden sollen.

Es ist nicht leicht, ein Gefühl dafür zu bekommen, was „Wirks" sind. Sie beschreiben so etwas wie Kreisbewegungen, und Kreisbewegungen sind Schwingungen. Man könnte auch sagen, sie sind so etwas wie ein Deutungszittern im Hintergrund oder mehr ein Deutungsbeben. Von Anfang an ist da Lebendigkeit. Und dazu haben wir Zugang, wenn wir nach innen sehen. Potenzialität ist wie eine Sehnsucht. Das erinnert uns an die Entelechie von Aristoteles, die auf etwas Entferntes hin zieht. Aber vielleicht ist es eher so, dass ich mich weg bewege, dass es ein Drang ist und nicht so sehr ein Ziehen.

Das alles erlebe ich in dieser Innensicht, wo das Selbst, das Sich-Selbst ist. Eigentlich ist das mehr das Erleben einer Beteiligung in einer Gemeinschaft, meiner Partizipation an etwas, worüber ich nichts sagen kann, weil kein Zeuge da ist. Ich, der erlebt, habe alle weggeschickt, die das von außen beobachten könnten. Das ist wohl der Grund, warum in der buddhistischen Tradition hier von Leere gesprochen wird. In der Hingabe und der Versenkung überwältigt Verbundenheit alles Begreifbare.

Wenn wir von „Wirks" oder „Passierchen" sprechen, dann meinen wir etwas, das schon eine kleine Dauer impliziert. Die „Wirks" entsprechen also nicht Zeitpunkten sondern mehr „Augenblicken" im alten Sinne (der Zeitspanne des geöffneten Auges zwischen zwei Benetzungen), sind jedoch wohl wesentlich kürzer. Die Wirklichkeit, im Gegensatz zu einer Realität, enthält also schon eine Orientierung. Einem Atom, einem Materiepunkt, fehlt dagegen eine solche eingeprägte Orientierung. In der Begrifflichkeit einer Wirkung ist deshalb eine zeitliche Ausrichtung sprachlich verankert. Die Zukunft im Gegensatz zur manifestierten Gegenwart und zur durch materielle Dokumente ausgewiesenen Vergangenheit existiert nur als Möglichkeit. Auch leben und erleben muss als endliche Zeitdauer gedacht werden.

Potenzialität und Geist müssen prinzipiell als nicht-auftrennbares Ganzes vorgestellt werden. Wir haben mit dieser Vorstellung keine Schwierigkeiten, wenn wir dabei an das Grenzenlose denken. In der Potenzialität steckt aber auch noch die Bedeutung der Kann-Möglichkeit zukünftiger materiell-energetischer Manifestation, das eine Dynamik anzeigt und vielleicht, reichlich mutig, als ein *lernender Gestaltungswille* gedeutet werden kann.

Die Frage ist nun: Haben wir Menschen ein Organ, das uns erlaubt langfristige Konsequenzen zu erfassen und das uns Einsichten eröffnet, die weit über unser eigenes Leben hinaus für uns von Nutzen sind: für die Zukunftsfähigkeit der Menschheit, für die ganze Schöpfung in ihrer grandiosen

Dynamik? Wir erkennen: Hier brauchen wir Orientierungswissen und Weisheit, die sich auf Wissen und Glauben stützen. Glaube bezieht sich hierbei nicht einfach auf das Noch-nicht-Gewusste, sondern umfasst wesentlich das nur zu Ahnende, prinzipiell Unbegreifliche. Dieser Glaube ist kein von uns beliebiges, ohne tieferen Grund errichtetes Konstrukt. Er beruht für uns alle darauf, dass wir als Beteiligte der Wirklichkeit durch Innensehen die Möglichkeiten des Zukünftigen anders ausloten, als es uns als vermeintlich äußeren Beobachtern und Handelnden möglich ist, als welche wir eher versuchen, die Wirklichkeit zu beherrschen.

Hinter dem, was wir Ethik nennen, steht ein gemeinsames dunkles Bewusstsein, aus dem wir immer wieder schöpfen, indem es über Ahnung und Intuition in unser helles oder waches Bewusstsein vordringt. Ohne diesen gemeinsamen Hintergrund könnten wir uns kaum verständigen. Aber um das deutlicher und greifbarer zu machen, versuchen wir in unserer menschlichen Gesellschaft eine für alle verbindliche Ethik zu schaffen, durch die wir dieser dunklen Ahnung eine feste Form und sichtbaren Glanz zu verleihen versuchen. Da das Unbegreifliche sich prinzipiell dem Begreifbaren entzieht, kann eine solche Übersetzung im Grunde zwar nicht in Schärfe, aber doch mit Flexibilität wenigstens in einer gewissen Annäherung gelingen. Jede spezielle Konkretisierung einer Ahnung löscht unweigerlich andere mögliche Konkretisierungen aus. Jede Verabsolutierung ist unvollkommen und fehlerhaft. Gleichzeitige Anwendung verschiedener Konkretisierungen führt deshalb im allgemeinen zu Widersprüchen. Doch können sich Konkretisierungen im Gewande von Gleichnissen weit über ihre wörtliche Gültigkeit hinaus Geltung verschaffen. Metaphern sind allerdings meist an Kulturen gebunden, in denen sie formuliert wurden, denn als Metaphern sollten sie unmittelbar als Aha-Erlebnis aufleuchten und einleuchten. Ein Gleichnis, das zur

Verständigung intellektuell interpretiert werden muss, verfehlt seine Funktion als Metapher. Eine Formalisierung der Ethik in Form von Gleichnissen halte ich für die Gesellschaft für wichtig, um Verständigung zu erleichtern und zu fördern. Sie sollte jedoch nicht Anlass zu Streit geben, da Gleichnisse sich nicht für rationale Auseinandersetzungen eignen. Hinter uns liegt eine über dreieinhalb Milliarden Jahre lange gemeinsame Entwicklung des Lebendigen, in der sich in gewisser Weise ein gemeinsames Gedächtnis entwickelt hat, auf das wir lebensdienlich, schöpfungswahrend und -fördernd zurückgreifen können. Wenn wir diesen gemeinsamen Hintergrund nicht hätten, dann wüsste ich nicht, was die Ethik eigentlich bedeuten soll. Denn für mich ist Ethik im Kern grundlegender als ihre verschiedenen nicht-wissenschaftlichen und wissenschaftlichen Ausformulierungen.

In der konstruktiv zusammenwirkenden Gemeinsamkeit von Verschiedenem und nicht in einem verengenden Gegeneinander erkennen wir ein Welt- und ein Gottesbild, wie es uns auch die großen Hochkulturen und Weltreligionen vermitteln. Wir haben heute vergessen, sie richtig zu interpretieren. Wir zielen in zunehmendem Maße auf kurzfristige Erfolge, anstatt langfristig zu disponieren. Das hat zur Folge, dass wir den Eindruck haben, ethische Forderungen, religiöse Einsichten und kulturelle Beziehungsformen eigneten sich bestenfalls nur noch für den Sonntag und Feierabend und nicht mehr für den tätigen Werktag. In der Geschäftigkeit, der Hetze und dem Lärm des Alltags verlieren wir die Fähigkeit, unsere Verbundenheit in der Tiefe intuitiv zu erleben und aus dieser ergiebigen Quelle Kraft und Weisheit zu schöpfen.

Um die Welt zu verstehen, sollten wir nicht greifen, sondern wir sollten eigentlich mehr die Arme ausbreiten und unsere Hände öffnen, um die Welt zu „empfangen". In dem Augenblick, wo wir begreifen, würgen wir ab, was wir eigentlich fassen wollen. Denn das Wesentliche der Welt ist das „Dazwischen".

Wir sind nicht nur in einer „Krise der Immanenz", weil uns die unmittelbare Erfahrung, als Menschen unauflösbar im Transzendenten – dem „Einen", dem „Nicht-Zweihaften" – verankert zu sein, verloren zu gehen droht. Wir stehen bereits schon mitten in einer zweiten Krise, die da „Erschöpfung der Moderne" genannt wird. Diese zweite Krise lässt uns die Brüchigkeit und Unzulänglichkeit unserer heutigen säkularisierten, materialistischen Weltbetrachtung immer deutlicher gewahr werden. Sie besteht eigentlich darin, dass wir – und hier meine ich vornehmlich uns in der nördlichen, industrialisierten, sogenannten „entwickelten" Welt – in all der Üppigkeit und all dem Trubel unseres Alltags unter einem Hunger nach Geistigem und Sinnhaftem sowie unter einem Gefühl von Verlorensein und Einsamkeit leiden. Mehr noch, dass uns die tieferen Ursachen unserer Frustration eigentlich gar nicht bewusst werden und wir deshalb auch nicht bereit und willig sind, geeignete Nahrung aufzunehmen.

Das Gute, Schöne und Wahre hat heute kaum noch einen Platz in unserer „zivilisierten" Welt. Und der Verlust der Transzendenz, des Göttlichen hinterlässt nicht einmal ein Loch. Doch die Wirklichkeit ist in unserer neuen Weltsicht nicht nur Realität. Sie spiegelt sich vor allem in der Evolution des Lebendigen wider, deren bisherige Krönung der entwicklungsfähige, ebenso wie alles andere, in die Schöpfung unabtrennbar eingebundene *homo sapiens sapiens* ist. Und diese Krönung ist dieser volle weise Mensch mit seinen so erstaunlichen und wundervollen physischen, emotionalen und spirituellen Gaben und Fähigkeiten, und nicht etwa seine Schrumpfgestalt, der *homo oeconomicus,* zu der ihn unsere moderne Gesellschaft, der leichteren Beherrschung wegen, zurechtstutzen will.

Es ist für mich immer wieder überraschend, dass ein Großteil der Intellektuellen in der westlichen Welt die neue Weltsicht als eine Art Kapitulation vor den auf uns Menschen zukommenden Herausforderungen empfindet und in dieser ihrer pessimistischen Haltung darin auch ein hohes Maß an Wissenschaftsfeindlichkeit wittert. Einem Physiker, der sich mehr als 50 Jahre intensiv mit Materie befasst hat, wird diese Weltsicht besonders übel genommen, da dieser doch über die überlegene Überzeugungskraft nüchterner rationaler Betrachtungen ausreichend Bescheid wissen müsste. Es ist nicht so, dass diese Kritiker nicht auch die Grenzen der rationalen Herangehensweise sähen. Sie betrachten aber die gegenwärtige Situation nicht als Ausdruck einer prinzipiellen Limitierung, die mit unzulässigen Fragestellungen zu tun hat, sondern, wie gewohnt, nur als ein Zwischenstadium einer sich weiter beschleunigenden geistigen Evolution, der keine Geheimnisse auf Dauer verschlossen bleiben werden. Es ist aber doch gut nachvollziehbar – und eben am Beispiel der in der Mikrophysik entdeckten Zusammenhänge rational überzeugend darstellbar – dass die von uns praktizierte reduzierte Wirklichkeitsbeschreibung nur noch sehr bedingt mit der größeren Wirklichkeit zu tun hat, in die sie eingebettet ist. Wir brauchen, um diese Überzeugung zu gewinnen, nun nicht alle Physiker zu werden, weil die Schlussfolgerungen daraus in verschiedenen Variationen schon immer Grundlage der Weltkulturen waren. Wir können ja auch mit hohem Genuss und großer Freude ein Konzert genießen, ohne erst einmal das Spielen all der Instrumente des Orchesters zu erlernen.

Die Einsicht einer prinzipiellen Beschränkung ist jedenfalls wichtig für einen konstruktiven Dialog zwischen Naturwissenschaft und Religion. Sie ist andererseits auch wertvoll als Hinweis darauf, dass Religionen im verständlichen Bestreben, ihre Botschaften schärfer und einprägsamer zu fassen und metaphorisch sich Zeigendes durch eindeutig Begreifbares zu fixieren, ihr eigentliches Ziel verfehlen müssen: die „religio" ahnen zu lassen.

Auch der Physiker denkt letzten Endes in den Bildern, die er aus seinem Alltagsleben übernimmt. Er spricht immer noch von Teilchen und Wellen, obwohl es diese gar nicht gibt. Und das ist eben das Merkwürdige. Wir können eine falsche Sprache sprechen, und trotzdem kann sie uns an das erinnern, was wir eigentlich damit meinen. Wir haben eine Innensicht, von der wir sagen: Ich verstehe (oder weniger: ich ahne, spüre, erlebe), aber ich habe es nicht begriffen. Um diese Lücke zu schließen, erweitern wir unsere Umgangssprache um Symbole, die keine Begriffe im ursprünglichen Sinne mehr sind, sondern nur noch auf ein inneres Verständnis deuten.

Deshalb haben wir auch die metaphorische Sprechweise. Wir verwenden Begriffe, sagen aber: Nimm's bitte nicht wörtlich. Es ist ein Zeigen. Wenn der andere sagt: Ich sehe nicht, was du meinst, antworte ich: Das liegt daran, dass du auf meine Fingerspitze schaust. Ich habe ja nur gezeigt. Du musst hinschauen, wo ich hinschaue. Und wenn der andere sagt: Ich sehe da gar nichts, dann bleibt mir nur zu sagen: Gut, geh ein bisschen mehr hinaus ins tätige Leben. Vielleicht wirst du danach auf einmal sehen, wovon ich spreche.

Wenn ich im Zustand der Ahnung bin, gibt es keine Polarisierung des Entweder/Oder. In der Ahnung kann ich nicht sprechen und urteilen. Ich schaue nur in eine Landschaft von gewichteten Möglichkeiten. Und diese Ahnung, die ein Zusammenschauen und nicht ein Nebeneinanderdenken von allen Möglichkeiten ist, suche ich später dann wieder zu wecken. Mein Gewissen dagegen, so erscheint es mir, ist schon mehr wie ein Gespräch an einem, *meinem* Runden Tisch, wo sich die verschiedenen Meinungen und Notwendigkeiten, was ich tun oder nicht tun soll, aufgegliedert zu Wort melden. Aber selbstverständlich gibt es dabei auch dieses Vorstadium, wo sich das Gewissen mehr im Gewande eines dumpfen „Gefühls" ankündigt. Ganz allgemein haben wir hier die Schwierigkeit, dass wir bei solchen Definitionen auf ein Vokabular zurückgreifen müssen, das historisch so mit verschiedenen Bedeutungen belastet ist, dass uns schlicht die unmissverständlichen Worte fehlen.

Manchmal wird mir – wohl mit Recht – vorgeworfen, dass ich als Physiker zu leichtsinnig von Geist und Liebe spreche, wo doch hinter diesen Begriffen eine große und lange Tradition steckt, über deren Inhalte und Bedeutung Generationen von tiefen Denkern gegrübelt haben. Welche Sprache soll ich denn aber sprechen, wenn praktisch alle Worte schon von irgend jemand mit der einen oder anderen „richtigen" Bedeutung belegt worden sind? Um dieser Gefahr auszuweichen, könnten wir vielleicht auf chinesische oder indische Ausdrücke zurückgreifen, aber wir müssten dann darauf achten, dass kein Chinese oder Inder im Raum sitzt. Also müssten wir eher ganz neue Worte erfinden. Aber das geht doch an unserem Anliegen vorbei, uns mit Sprache verständigen zu wollen. Und dies erfordert notwendig, hauptsächlich für uns alle geläufige Ausdrücke zu verwenden, mit dem unvermeidlichen Mangel, dass sie in der Regel unangemessen, vieldeutig, ungenau oder falsch sind. Aber das macht ja vielleicht gar nichts aus. Ich bin an konstruktive Unterhaltungen gewöhnt, wo die gemeinte Bedeutung nicht durch ein bestimmtes, gut gewähltes Wort, sondern wesentlich durch den Kontext, in dem es verwendet wurde, erfolgreich von einem zum anderen wandert.

Wir leben immer aus der Ahnung heraus.

Ich erlebe mich selbst mehr wie eine Ahnung.

Nicht nur die Religionen müssen Gleichnisse benutzen, um etwas zu deuten, das im Hintergrund nicht begreifbar ist. Auch die Wissenschaft ist nur ein Gleichnis, auch die wissenschaftliche Sprache ist nur eine Gleichnissprache. Wir müssen verstehen: Es gibt andere Dimensionen! Und wir müssen uns fragen: Wie gehen wir mit diesen Dimensionen um? Wissenschaft kann nicht mehr an der Objektivierbarkeit aufgehängt werden. Das gibt es, streng genommen, nicht mehr. Wie soll man eine Wissenschaft betreiben, in der die Objektivität gar nicht mehr streng definiert ist, sondern nur mehr von Ähnlichkeiten die Rede ist? Besser geht es einfach nicht.

Gespräche, Gedichte sind für mich Metaphern, die verbinden, die Wunden heilen, die trösten und Mut machen, die Neues in uns wachsen lassen, uns Türen öffnen.

Der Zweck, das Ziel ist doch, dass der Mensch der Wirklichkeit, in die er eingebettet ist, näher kommt, dass er sie intensiver und fülliger wahrnimmt und erlebt.

Hat nicht die holistische Potenzialität, diese unauftrennbare, wollende Ur-Lebendigkeit, der ich mich nur durch Innensehen nähern kann, eine tiefe Verwandtschaft zu dem Göttlichen, von dem die Religionen zu sprechen versuchen?

Aber nicht nur die Religionen, sondern auch die Wissenschaft müssen bescheiden zur Kenntnis nehmen, dass sie die „eigentliche" Wirklichkeit im Urgrund nicht ausreichend und angemessen beschreiben, sondern nur mithilfe von Gleichnissen deuten können. Entsprechend ihrer jeweiligen beschränkten Wahrnehmung und in der ihnen zugänglichen Sprache entwerfen sie gleichsam „Karikaturen" von dieser unbegreiflichen Welt, in der nichts *existiert*, sondern alles einem *„Dazwischen"*, einer unbegrenzten Verbundenheit entspringt. Es lohnt bei Karikaturen nicht, sich über ihre Unterschiedlichkeit zu streiten. Sie sind Anstöße, die uns sehen lassen sollen, was dahinter ist. Sie sind alle nur Gleichnisse, die uns helfen sollen, uns an das zu erinnern, für was sie als Gleichnis stehen: das Unbegreifliche, das schon als Ahnung in uns dämmert und das durch unser Innensehen beleuchtet wurde. Gleichnisse sind wie kurze Tonfolgen, die plötzlich in uns vergessene altbekannte Lieder erklingen lassen.

Wissenschaft und Religion sind ihrer Wahrnehmung nach komplementär. Das entspricht der Komplementarität zwischen Exaktheit und Relevanz. Wer die Exaktheit übertreibt, muss notwendig abtrennen und isolieren und verliert dadurch den Kontext, der für die Orientierung und die Bewertung der Relevanz nötig ist. So sind Wissenschaft und Religion nicht nur zur Versöhnung aufgerufen, sondern auch dazu, sich immer auch ihrer komplementären Rollen bewusst zu bleiben, die einander notwendig bedürfen. Objektive, Blind-blind-Untersuchungen sind erforderlich für exakte Feststellungen und präzise Manipulationen. Sie sind jedoch wegen der holistischen Struktur der Wirklichkeit nur beschränkt möglich. Es ist der offene, intensiv-empathische, inter-subjektive Dialog zwischen Menschen, der ergänzend notwendig ist. Er erlaubt uns, das zunächst nur subjektiv-erlebte Unbegreifliche *gemeinsam* auszuloten, und vermöge unserer gemeinsamen Bindung, der ‚religio‘, eine Wertung zu ermöglichen, eine Bewertung, die ‚Willkürlichkeit‘ und Beliebigkeit verbannt, die aber letztlich unscharf bleiben muss. Denn die äußere Welt, in der wir leben ist offen, mehr noch: Sie will sich weiter öffnen.

5. Abschließendes Gespräch

Die folgenden 21 Fragen hatte ich Hans-Peter Dürr vor dem Gespräch zugeschickt. Wir haben uns dann – auch in der Reihenfolge – genau an sie gehalten. Die ersten drei beziehen sich noch auf ein Verständnis der physikalischen Zusammenhänge. Die dann folgenden Fragen gelten einer Vertiefung der Gedanken zum Verhältnis von Naturwissenschaft und Religion und berühren auch persönlichere Bereiche.

1 *Sie sprechen davon, dass es im Grunde keine „Zeit" gibt, aber „Gestaltveränderung". Wie soll man sich Veränderung ohne auch nur eine Ahnung von so etwas wie Zeit vorstellen?*

Man kann Zeit sagen, man kann Veränderung sagen. Beide Begriffe drücken gleiches aus, und zwar beide eigentlich falsch, weil wir dazu Substantive verwenden. Substantive sind Begriffe, die sich auf etwas beziehen, was *ist*, was *existiert*. Eine „Änderung" und „Veränderung" als solche *existieren* nicht, sie *deuten* nur auf eine zeitliche Beziehung bzw. eine gezielte zeitliche Beziehung zwischen Existierenden, zwischen Objekten unserer Außensicht, wie sie sich in unserem wachen Bewusstsein herausbilden. Was in der Quantenphysik primär eigentlich vorkommt, ist nicht „Veränderung" sondern nur „ändern" oder „wirken", „leben". Sprachlich drücken wir das mit (im intransitiven Sinne verwendeten) Verben aus.

Aber ich muss hier noch etwas weiter ausholen. Ich habe vielfach davon gesprochen, dass in der Quantenphysik das Primat der Materie durch eine allgemeine „Verbundenheit" oder Ähnliches ersetzt werden muss, wofür ich u. a. auch die Bezeichnung Gestaltveränderung gewählt habe. Verbundenheit kann aber, für unsere Erfahrung grundverschieden, räumlich und zeitlich sein. Wir verwenden deshalb für den zeitlichen Fall besser den Ausdruck „Veränderung". Ihre Ausgangsfrage, analog auf den räumlichen Fall bezogen, würde dann lauten: „Wie soll man sich Verbundenheit vorstellen ohne auch nur eine Ahnung von Raum zu haben?" Die Antwort darauf erscheint viel leichter: In dem Begriff der Verbundenheit steckt schon eine „Mehr"heit (mehr als eins), die, zusammen vorgestellt, den Raum aufspannt. Die Eigenschaften des Raumes sind dadurch noch nicht festgelegt. Der Raum kann eindimensional sein, wie eine Linie, zweidimensional wie eine Fläche usw. (Die eindimensionalen Räume lieben wir besonders, weil sie eine eindeutige Anordnung von Existierenden ermöglichen, z. B. kleiner und größer, schlechter und besser.) Der Raum ist nur ein Konstrukt unseres wachen Bewusstseins. Wenn wir jetzt im zweiten notwendigen Schritt von allem „Was" absehen, also Verbundenheit durch das Verb „verbinden" oder, mehr intransitiv, durch „binden" ersetzen, dann tritt die Vorstellung des Raumes ganz zurück. Aber „binden", etwa in der Ahnung „in einem Zusammenhang stehen, eingebettet zu sein" erscheint immer noch „lebbar", obgleich ich damit andeute, dass zum „Erleben" eine zeitliche Verschiebung, ein Augenblick, nötig ist.

Die zeitliche Verbundenheit, die Veränderung und Änderung, ist also eine Stufe tiefer als die räumliche angelegt. Die Zeit ist aber dann in doppelter Hinsicht ein Konstrukt: Erstens zerren wir sie auf die gleiche Stufe wie den leblosen Raum, und zweitens interpretieren wir sie dann auch, wie den Raum, ontologisch.

Die Zeit ist nicht die Schnur, auf der wir Perle um Perle aufreihen. Es ist ein Nacheinander von Perlen, das die Schnur nur imitiert.

„Ändern" verbleibt als ein „durch alles hindurch fließen" ohne begriffen zu werden. Oder deutend, aber substantivisch verzerrt ausgedrückt: Gestaltveränderung ist eine Urerfahrung, die das Grundwesen unserer Wirklichkeit, zu wirken, widerspiegelt.

Und das passiert jenseits der Zeit?

Das ist jenseits des wachen Bewusstseins, dessen Konstrukt die Zeit ist. Und ich brauche das wache Bewusstsein, um eine Außensicht zu haben. Das heißt, das „Erleben" kommt vor der Bewegung oder besser, „leben" kommt vor dem „Erlebnis".

Trotzdem bleibt das Problem der Irritation, wenn Sie sagen, es gibt keine Zeit, nur Gestaltveränderung.

Die Irritation kommt nur von der rationalen und reflektierenden Seite unseres wachen Bewusstsein, das auf „Vorstellungen" besteht, das heißt, die Wirklichkeit ontologisch auf eine existierende Welt abzubilden. Die ursprüngliche Unität „Ändern" muss dann notwendig durch eine Trinität: Anfang – in der Zeit – Ende ausgedrückt werden, worin neben ontischem Anfang und Ende die Zeit als Dazwischen die wichtige Trägerrolle „ändern" übernimmt. Intuitiv haben wir keine Probleme, auf diese objektivierende Darstellung zu verzichten, denn in dem Erleben, in dem Ein- und Ausatmen, ist das, was wir Zeit nennen, ja eingefangen. Aber die Zeit ist nicht benannt. Wir müssen nur andere, offenere Ausdrucksformen finden, die nicht mit Erfahrungen beginnen, sondern direkt in unserem „Erleben" wurzeln. Etwa in dem Erleben .... bewusst wonnig roseschauend ....Das geschieht *ohne* jede Reflexion auf ein Ich und eine Rose. „Wir erleben mehr als wir begreifen", das bedeutet ja: Erleben ist umfassender und reicher, als das, was wir mit einem Begriff oder einem begrifflichen Symbol, wie zum Beispiel „Zeit", zum Ausdruck bringen können. Öffne deine Hände! Lass es fliegen! Das, was sich da einstellt, deutet auf eine ständige Offenheit, die Zeit eigentlich meint.

Jetzt kommen wir zu der zweiten von den drei physikalischen Fragen, die ich noch stellen wollte.

Diese physikalischen Fragen sind so kompliziert, weil sie eigentlich über den Rahmen dessen hinausgehen, was man sich als „zünftiger Wissenschaftler" sozusagen traut. Aber es ist vielleicht doch ganz sinnvoll, sich darauf einzulassen. Und sei es nur, um zu zeigen, welches Ausmaß an Komplexität im Hintergrund steht. An sich müsste man, wenn man detaillierter an diese Fragen herangeht, wirklich sehr vieles ausführlicher besprechen.

2 Die zweite Frage ist also die folgende: Sie verwenden, von den Einsichten der Quantenphysik ausgehend, den Begriff „Erwartungsfeld" praktisch für alle Entwicklungen, Vorgänge und Handlungen im menschlichen Bereich. Kreativität wäre dann schließlich die mehr oder weniger starke Abweichung vom Druck des Erwartungsfeldes?

Nein, so einfach lässt sich alle Kreativität nicht über einen Kamm scheren. Das, was wir beim Menschen als Kreativität bezeichnen, ist zunächst nicht mit der eingeschränkten Kreativität im Mikrokosmos zu vergleichen. Die verweist auf eine statistische eingeschränkte Freiheit, unter vielen angebotenen Möglichkeiten der Realisierungen jeweils nur eine bestimmte auszuwählen. Bei der Kreativität des Menschen denken wir an etwas anderes: Erstens haben wir die prinzipielle Fähigkeit des Menschen im Blick, eine solche Auswahl ganz gezielt zu treffen, das heißt, die durch die Quantenphysik für solche Möglichkeiten streng vorgegebenen Wahrscheinlichkeiten bewusst zu durchbrechen. Zweitens denken wir jedoch an eine zusätzliche Fähigkeit, die Anzahl der Kann-Möglichkeiten durch weitere Varianten zu erweitern und diese dann auch geeignet zu realisieren. Diese erweiterte Fähigkeit kommt schon nahe an das heran, was wir besser als Zaubern bezeichnen sollten. Ist aber so nicht gemeint.

Die Sprechweise „Erwartungsfeld" in der Mikrophysik hat nichts mit der menschlichen Ebene zu tun. Die Rede von Erwartung ist hier in einem analogen Sinn verwendet. Sie dient einer Veranschaulichung der in einer bestimmten Situation möglichen zeitlichen Gestaltveränderungen und ihrer dabei fixierten Wahrscheinlichkeitsverteilung.

Die Situation der Elektronen in der Mikrowelt können wir analog zu einer Situation sehen, wie sich morgens beim entspannten Duschen der angebrochene Tag in unserer Vorstellung nach Inhalt, Ablauf und Orten vor uns ausbreitet. Dies ist ein Gebirge aus unendlich vielen Möglichkeiten, deren Topologie ihre Wahrscheinlichkeitsverteilung abbildet: die Höhen das Wahrscheinlichere und die Täler das Unwahrscheinlichere. Die Vielfalt stört uns nicht, weil uns eigentlich nur der gut einsichtige höchstgelegene Grat interessiert, also der wahrscheinlichste Verlauf meines Tages mit kleinen Schwankungen drumherum, der von meiner Präsenz, der Laune meiner Kollegen, der Verspätung der U-Bahn und ähnlichem abhängt. Das Gebirge, welches mein Erwartungsfeld meines Tages darstellt, wird umso zerklüfteter sein, je größer die unberechenbaren Einflussgrößen sind. Das Erwartungsfeld wird gewöhnlich nicht von mir aufgebaut. Es ist vielmehr Ergebnis eines Zusammenwirkens der Erwartungsfelder meines privaten, beruflichen und globalen Umfeldes. Die Einwirkungen nehmen zwar mit wachsendem räumlichem Abstand ab, doch leider ist es nicht so, dass die, die uns am nächsten stehen, die Hauptbestimmung behalten.

Ein Elektron in der Mikrophysik ist in einer ganz ähnlichen Situation. Sein Erwartungsgebirge ist ein kollektives Ergebnis des Zusammenwirkens von allem anderen, was in seiner Umgebung ist. Wobei das mit dem „näher" und „ferner" nicht mehr so einfach gilt. Die verschiedenen Erwartungen, die von ihm und anderen ausgehen, gleichen mehr sich ausbreitenden Wellen, die sich auf komplizierte Weise überlagern. Sie können sich (durch destruktive Interferenz) entweder abschwächen oder (durch konstruktive Interferenz) verstärken – und das an verschiedenen Orten in verschiedenem Maße. Je aufgewühlter die Gesamtwelle umso wahrscheinlicher wird dort das nächste Ereignis auftreten, je ruhiger die Gesamtschwingung um so unwahrscheinlicher. Das Bild ist aber in doppelter Weise irreführend. Erstens: Die Welle ist keine materiell-energetische Welle, sondern eine Prognose-Welle, welche mehr die Qualität einer Information (oder Gestalt) besitzt. Zweitens: Diese „Wellen" breiten sich nur bei einem „Teilchen" im üblichen drei-dimensionalen Raum aus. (Übrigens können diese Wellen verschieden kurz ausgedehnt sein bis hinunter zu teilchenartigen Wellenpaketen.) Bei mehreren Teilchen bilden sich diese Wellen in viel höher-dimensionalen Räumen (bei zwei Teilchen 6-dimensionale, drei Teilchen 9-dimensionale Räume etc.). Man sieht also, dass die Metapher des Erwartungsfeldes eine ganz andere Bedeutung bekommt als die von Wellen immer im selben Raum. Es ist vielmehr so, dass dieser unendliche Möglichkeitsraum, je mehr Teilchen beteiligt sind, auch in der Anzahl seiner Dimensionen immer weiter wächst. Dementsprechend können deshalb die Gestaltungsmöglichkeiten in diesen jeweils umfassenderen Räumen gigantisch zunehmen. Unsere Phantasie versagt da also sehr schnell.

Jetzt mache ich den Sprung zu Objekten unserer (mesoskopischen) Lebenswelt. Da haben wir zunächst ein Erwartungsgebirge in einem Billionen mal Billionen dimensionalen Raum. Dies entsprechend der Zahl von „Teilchen", welche in diesen großen Objekten sich versammeln. Wenn wir jetzt den Menschen selbst in diese Größenkategorie aufnehmen, können wir uns fragen, wie nun er, der Mensch, mit diesem Erwartungsgebirge umgeht und umgehen kann. Zum Glück ist das gar nicht so schwierig. Denn im Durchschnittsverhalten klappt dieser hochdimensionale Raum in den uns gewohnten drei-dimensionalen Raum zusammen mit einer scharf ausgeprägten Wahrscheinlichkeitstopologie, die genau den uns geläufigen klassischen Vorstellungen entspricht. Die Hauptverbeulung der verbleibenden Wahrscheinlicheitsverteilung kommt durch die dem Menschen eigene natürliche Begrenztheit seiner Sinneswahrnehmung zustande. So sehen wir z. B. von Kind auf elektromagnetische Wellen nur im Frequenzbereich des Lichtes, aber nicht in anderen Bereichen, wie etwa der Röntgenstrahlung oder auf der langwelligen Seite, der Trägerwellen für Fernsehen, Radio oder unsere Handy-Telekommunikation. Von Geburt an sind wir also schon mit einer speziellen Art hardware oder software ausgestattet, die uns nur in bestimmten Frequenzbereichen sensibilisiert und deshalb uns nur dort empfangsbereit macht.

Mit seiner Fähigkeit, z. B. in jedem Moment die Augen zumachen zu können, kann der Mensch eine bewusste Auswahl der Möglichkeiten treffen. Kreativ wäre das allerdings nur, wenn er den winzigen Impuls, der zum Augenschließen führt, abgekoppelt von den üblichen klassischen Kausalketten im Mikrobereich initiieren könnte. Diese unentschiedene Frage will ich etwas anders angehen.

Die wesentliche Freiheit des Menschen scheint darin zu liegen, seine Wahrnehmungsfähigkeit gezielt verändern zu können. Das habe ich gerade mit dem Beispiel des beabsichtigten Augenschließens beschrieben. Dadurch wird die mögliche Unterdrückung klassischer Information in Form von Licht, also energetischer elektromagnetischer Signale, erreicht. Umgekehrt gelingt es dem Menschen, aufgrund seiner vielfältigen technischen Fähigkeiten, auch seine Augen mehr als üblich zu öffnen, indem er Geräte verwendet, die ihm auch Licht in anderen Wellenbereichen, als dem sichtbaren, erfahrbar machen. Die interessante Frage ist nun: Besitzen wir als Menschen darüber hinaus auch die Fähigkeit, schon im Frühstadium der quantenphysikalischen Informations- oder Erwartungsfelder, solche Blockierungen oder, umgekehrt, Sensibilisierungen zu initiieren?

Ich unterscheide mich von einem anderen Menschen als Persönlichkeit dadurch, so will ich einmal annehmen, dass ich bezüglich der Quanten-Informationsfelder mit einer anderen Sensibilität geboren wurde. Nehmen wir ein Bild: Ich werde geboren als Klavier, bei dem schon viele – aber selbstverständlich nicht alle denkbar möglichen – Saiten aufgezogen sind. Dies ist wie bei einem Fernseher oder Radio, der nur für einen bestimmten Frequenzbereich ausgelegt ist. Das ist die erste Beschränkung. Aber die Hauptbeschränkung kommt durch die Dämpfer, die unter oder hinten diesen Saiten angebracht sind. Sie liegen gewöhnlich auf den Saiten und verhindern diese am Schwingen. Saiten, die nicht schwingen können, sind auch unempfindlich gegenüber allen Schalleinwirkungen von außen, also auch dem üblichen, allgegenwärtigen Hintergrundslärm. Dies heißt: Ich und das Klavier verfügen zwar prinzipiell über eine große Potenzialität. Aber sie ist eingeengt durch enorm viele Blockaden. Wir Menschen brauchen notwendig solche Blockaden, um handlungsfähig zu bleiben. Wenn wir auf alles reagieren, ertrinken wir in einer Informationsflut. Nun erkennen wir bei unserem Klavier: Wenn wir eine Taste drücken, dann hebt der Dämpfer zunächst ab und macht die Saite frei zum Schwingen. Dann kommt der Hammer und schlägt die Saite an und bringt sie auch zum Schwingen. Wir haben nun die Fähigkeit, die Tasten ganz zu drücken oder halb zu drücken. Eine halb gedrückte Taste bedeutet, nur den Dämpfer wegzunehmen. Damit schlage ich noch nicht drauf, aber die Saite ist schon sensibilisiert. In diesem Augenblick bin ich für alles sensibilisiert, was meine Saite zum Schwingen bringen könnte. Jemand spielt zum Beispiel den Ton dieser Saite im Nachbarzimmer, dann spielt durch Resonanz auch meine Saite den Ton, ohne dass ich sie selbst anschlage. Das heißt, ich bin schon präpariert für diesen Ton, indem ich den Dämpfer wegnehme. Ich kann das sogar noch umfassender machen: Wenn ich am Klavier das rechte Pedal drücke, werden alle Dämpfer von den Saiten abgehoben. Das Klavier ist maximal sensibilisiert. Wenn nun jemand im Nebenraum eine Mozartsonate spielt, dann spielt mein Klavier die gesamte Mozartsonate auf gleiche Weise mit. Ich höre das nur nicht so klar, weil bei mir die Töne wegen der fehlenden Dämpfung länger nachklingen und ineinander verschwimmen. Denn beim Spielen ist nicht nur wichtig, dass ich den Ton anschlage, sondern dass ich ihn auch wieder stoppe. Erst dann kommt die Melodie klar heraus. Wichtig ist also, dass ich mich sensibilisiere und zugleich – durch Dämpfer – entsensibilisiere. Beides spielt eine Rolle. Ich habe also das Potenzial, zu blockieren und nicht zu blockieren – und damit erziele ich eine Auswahl, so dass ich von der Landschaft der Wirklichkeit nur einen bestimmten Teil wahrnehme.

Unsere genetische Vorprogrammierung entspricht einem bestimmten Code, einem raffinierten Satz von Blockaden in Bezug auf das reiche Potenzial der Wirklichkeit. Während der Entwicklung des Organismus werden die Blockaden weiter erhöht, um Spezialisierungen zu erreichen. Wir haben ja einen Chromosomensatz, der noch weitgehend alles kann. Wie ein Betriebssystem bereitet er die wichtigsten Programme vor. Es folgen in der Weiterentwicklung weitere spezifische Blockaden. Teilprogramme werden gelöscht (d. h. die Anbindung an die anderen Programme wird unterbrochen) oder Inhalte werden als unveränderbar geschaltet. Auf diese Weise entstehen all diese verschiedenartigen Zellen des Körpers, deren Variabilität auf Teilfunktionen beschränkt ist. Dass die Körperzellen nicht mehr alle Fähigkeiten der ursprünglichen befruchteten Eizelle besitzen, hängt mit dem nachfolgenden Dämpfersystem zusammen, das sie sukzessive einengt. Das Potenzial bleibt jedoch prinzipiell erhalten.

Der Kosmos ist wie eine große befruchtete Eizelle mit maximalem Potenzial. Ich bin wie eine spätere Körperzelle nur sensibilisiert für ein eingeschränktes Potenzial. Ich habe andererseits den Eindruck, dass sich dieses reiche potenzielle Möglichkeitsfeld im Hintergrund auch noch weiter öffnen kann, wenn wir in die Lebendigkeit hineinkommen. Der universelle Lernprozess, der neue Sensibilitäten schafft, ist also nicht abgeschlossen. Wir sind alle aktiv an diesem Lernprozess beteiligt. Wir haben die Fähigkeit, uns an neue Sensibilitätspunkte hin zu bewegen, wo wir sozusagen neue Kanäle öffnen. Alles, was belebt ist, ist in der Nähe von Instabilitäten, also Sensibilitäten, aufgebaut. Warum kommt nun die Kreativität in die Natur hinein? Die Natur bringt das, was sozusagen unterschwellig da war, auch makroskopisch durch den Verstärkereffekt zum Ausdruck.

Könnten Sie das, was Sie eben vom Lebendigen beschrieben haben, nicht auch ohne Quantenphysik sehen?

Nein! Weil die Quantenphysik die für das Lebendige wesentliche Logistik liefert. Der klassisch fundierte Darwinismus basiert auf einem auf Zufall beruhenden Würfeln und einer Auslese erst ganz am Ende einer komplizierten Prozesskette. Das braucht viel, viel zu lang. Die Quantenphysik baut hier die rettende Brücke, da die Beteiligten an diesem kosmischen Spiel nicht unabhängig voneinander sind, sondern sozusagen einander kennen. Was hier miteinander spielt, gehört zum selben System. Die Logistik ist nicht etwas, das neu gelernt wird, sondern der Lernprozess ist ein Prozess des Erinnerns. Die Information liegt im gemeinsamen Hintergrund. Ohne eine solche starke Korrelation kommt man auf dem Pfade von Versuch und Irrtum nicht weit. Das gibt nur Flachheit, jedenfalls keine Chance, in nur dreieinhalb Milliarden Jahren ein so komplexes Wesen wie den Menschen zu entwickeln.

Doch warum nicht das Angebot nutzen? Es gibt ja immer nur das Ein-Ganze. Alles sind im Grunde Selbstgespräche. Es sieht nur wie Gespräche zwischen Getrennten aus. Weil wir verschiedene Dämpfungsmechanismen haben, d. h. einen jeweilig verschiedenen Code verwenden, können wir zunächst nicht dort empfangen und senden, wo der andere empfindlich ist. Aber wir können durch ein Gespräch den anderen dazu bringen, gewisse Dämpfer wegzunehmen und auf diese Weise, eine Kommunikation in eine Kommunion übergehen zu lassen. Also: Es ist nicht dieses Versuch-und-Irrtum-Verfahren: Zuerst Zufall durch Mutation – und dann am Ende: Aha, jetzt endlich haben wir den Sieger gefunden! Konnte auf solche Weise ein Pfau überleben? Waren alle seine Zwischenstufen siegreich? Nein! Ein gewisses Zusammenspiel war da, ein Miteinander wurde Schritt für Schritt, durch Wegnehmen von Dämpfern, in ein kooperatives Nebeneinander verwandelt. Durch die Verwandlung des Ineinander in ein Nebeneinander entsteht die äußere Welt.

Noch eine Bemerkung zur Kreativität, nach der Sie ja fragten: Ein Mensch, der schon sehr viele Gewohnheiten hat, ist nicht mehr so kreativ. Man könnte sagen, er hat sich (das ist nicht abwertend gemeint), fast wie ein Tier, einen Instinkt antrainiert. Und deshalb wird er dann auch wieder „abgeschafft" – er stirbt. Denn er hat eine wichtige Fähigkeit, nämlich lernfähig zu sein, verloren. Deshalb lässt die Evolution dieses System auslaufen und fängt wieder von vorne an mit einem Baby, das dann die Lernkurve ein bisschen weiter treibt. Die Natur sagt einfach: Der Alte hat mir viel zu viele Dämpfer, die kriegt er nicht mehr runter. Er will sich an das klammern, was er weiß. Gut, sagt die Natur, dann stirb mal mit deinen Dämpfern! Aber das ist nicht so schlimm, weil das, was er geistig in den Lebensprozess hineingebracht hat, sowieso zum Nutzen aller „deponiert" ist. Das heißt, zukünftig wird keiner anfangen, wo *er* angefangen hat. Das Sterben ist also gar keine so große Tragödie. Ein Laptop, der zu alt geworden ist, den schmeiße ich einfach weg und lege mir einen neuen zu, ohne dass ich Angst haben muss, dass die wertvolle Software dabei verloren geht. Was mir an mir selber wertvoll erscheint, davon muss ich die Hoffnung haben, dass das schon weitergeht. Ich schmeiße eben nur den Kasten weg, der veraltet ist.

3 Wie unterscheiden sich die ‚Wirks' voneinander? Sie sprechen ja fast immer nicht von einem Wirkenden, sondern verwenden den Plural. Sind die Wirks sozusagen die Schnittstelle zwischen Potenzialität und Realität?

Ja, man kann das in gewisser Weise so sagen. Das hat damit zu tun, dass die Wirks nicht vorgeformt sind. Sie sind sozusagen die Art und Weise, wie ich in dem großen Zusammenhang etwas so aufteile, dass ich Muster erkenne. Diese Aufteilung ist ziemlich willkürlich. Wir zerlegen die Wirklichkeit je nach unserer Sensibilität. Oder auch aufgrund der Fragen, die wir stellen. Das ist etwa so, wie wenn man gemeinsam ein Bild anschaut. Der eine schaut auf die Farben, der andere auf die Linien. Die Wirks sind „Teile", mit denen ich eine Gesamtwirkung in ein Nebeneinander aufgliedere. Ich konzentriere mich in der Betrachtung einer Gesamtheit auf bestimmte Wirkungen, die für mich jetzt wichtig sind, und markiere sie. Die Wirks sind ein Kunstgriff, eine komplexe Gesamtwirklichkeit, die nur aus „Dazwischen" besteht, in ein kompliziertes Netzwerk, ein Nebeneinander von verknoteten Fäden, kleinere „Dazwischens", zu zerlegen. Das sieht dann schon fast wie eine Realität aus, mit den Knoten als Ding. Ich habe mit den Wirks einen Begriff gesucht, der, wie bei einer Artikulation, zum Ausdruck bringt, dass alles in einen passiven Hintergrund gedrängt wird, bis auf ganz weniges, was im entsprechenden Kontext aktiv wirkt.

Könnte man zum Beispiel sagen: Der Götterhimmel der Griechen, das sind Wirks: Aphrodite, Mars, das sind Wirks?

Ja, wenn ich die unauftrennbare Gottheit etwas in greifbare Nähe bringen will. Indem ich die Aufgliederung mache, organisiere ich sozusagen eine Trennung. Das geschieht, indem ich etwas weglasse, was eigentlich da ist. Also: Durch die verschiedene Art von Ignoranz zerfällt die Welt in verschiedene Teile. Aber wie ein Ineinander in ein Nebeneinander verwandelt wird, diesen Vorgang macht jeder wieder anders.

Die Wirks sind also eine historische Größe. Sie ändern sich mit der Geschichte?

Ja. Das hängt mit der jeweiligen Lebenswelt zusammen. Ich würde sie vielleicht mehr mit den verschiedenen Achsen eines Koordinatensystems vergleichen, das ich in einem Raum aufspanne, um die Dinge in ihm genauer zu beschreiben. Ob ich dazu kartesische Koordinaten oder Kugelkoordinaten verwende, ist prinzipiell egal, aber ihre praktische Eignung hängt sehr von der Anordnung der mir wichtigen Dinge im Raum ab.

Heißt das, dass es Wirks nur für Menschen gibt? Oder wirken sie auch, wenn kein Mensch sie formt?

Wirks wirken immer, aber wie sie wirken ist je nach Auswahl verschieden Der ganze Kniff der verschiedenen Spezies ist gerade die Fähigkeit, die Wirklichkeit auf ihre Wirks zu reduzieren, indem sie praktisch alles weglassen, was sozusagen für diese spezielle Kreatur uninteressant ist.

Das kann also auch die Ameise?

Ja, das macht auch die Ameise. Aber es ist eben nicht zwangsläufig ein bewusstes Machen. Das Betriebssystem, das Dämpfersystem, mit dem wird man eben auch schon geboren.

Doch noch einmal zum Menschen: Jeder spricht von anderen Dingen, die auf ihn wirken. Er wird auch seine Wirks-Sprache sprechen. Für alle seine Wirks hat er einen Namen. Das heißt, die verschiedenen Sprachen, aber eben auch die verschiedenen Religionen – das sind verschiedene Wirks-Sprachen. Die Sprache der Wirks ist auch die Sprache der Gleichnisse. Sie erklären nicht alles, aber sie drücken genau das aus, was ihre Wirkung ist. In dem Sinne „existieren" sie nicht.

Sie existieren nur in der Wirkung?

Richtig, in der Wirkung. Sie sind der Grund, warum man in Komplexität überhaupt agieren kann. Wirks sind nicht Bestandteile der Wirkung. Man kann also nicht sagen: Wenn man alle Wirks der Welt zusammennimmt, dann kriegt man ein Gesamtabbild. Nein, die Wirks überschneiden sich total: die französischen und die deutschen, die der Antike und die heutigen. Die Wirks der Wissenschaftssprache haben wir ziemlich isoliert, aber auch sie haben Überschneidungen mit anderen Sprachen. Die höheren Organismen –

das ist der schrittweise Aufbau eines vielstimmigen Orchesters, bei dem immer neue Instrumente hinzukommen. Es ist ein Lernprozess. Und jeder muss die anderen Instrumente wahrnehmen, auch wenn er sie nicht spielen kann. Und immer mehr wird dann aus dem Nebeneinander auch wieder ein Ineinander.

Wirks – das ist eigentlich ein sehr hilfreicher Begriff. Hat er sich denn irgendwo durchgesetzt?

Nein! Überhaupt nicht. Ich erlebe immer nur wieder die Armut unserer Sprache, und ich sehe, man muss so etwas einführen, und dann muss man es zu einem Eigenleben erwecken.

4 *Sie sind ja in Ihren öffentlichen Äußerungen, wenn Sie sich immer wieder auf die Quantenmechanik beziehen, weit über deren engeren Geltungsbereich hinausgegangen. Trotzdem kann man erkennen: Sie möchten nicht, dass der Eindruck entsteht, als wollten Sie zum Beispiel die Willensfreiheit des Menschen schlichtweg aus der Quantenmechanik ableiten.*

Ich bin mir bewusst, dass meine Sprechweise mitunter gefährlich ist, da sie leicht zu schweren Missverständnissen verführt. Wegen der Schwierigkeit des Themas und mehr noch wegen des Ungewohnten dabei sehe ich mich immer wieder gezwungen, enorme Abkürzer bei meinen Ausführungen zu machen. Aber dies bekümmert mich weniger, als es nach Meinung meiner Kritiker eigentlich sollte. Der Grund meiner Sorglosigkeit liegt wohl darin, dass ich Sprechen und Schreiben immer nur wie eine Art Stammeln und Stolpern erlebe und empfinde, wo ich schon froh bin, nicht sofort auf der Nase zu liegen. Meine Sprechweise ist in diesem Sinne immer Gleichnis und Metapher. Der Zuhörende oder Lesende soll sie nur als ein Angebot auffassen, um seine eigenen Vorstellungen zu bereichern, und um sie vielleicht zum Auslöser ganz neuer Ideen werden zu lassen. Ich beneide andere, insbesondere geisteswissenschaftliche Kollegen, ob ihres Sprachbewusstseins und ihrer geschmeidigen Eloquenz, sehe darin aber auch die große Gefahr, Bedeutung und Relevanz einer Aussage einer Eleganz und Glätte im Ausdruck unterzuordnen. Rauhe Oberflächen laden zum Andocken ein, sie sind beim Bergsteigen unentbehrlich. Wenn es uns letztlich wirklich um Genauigkeit geht, steht uns als Naturwissenschaftlern, zusätzlich zur Umgangssprache, noch die mathematische Sprache zur Verfügung. Und hier können wir, ähnlich wie unsere geisteswissenschaftlichen Kollegen, in Versuchung geraten, dass die „Schönheit" einer kompakt geschlossenen Theorie uns etwas den Blick für ein Verständnis der Wirklichkeit vernebelt, die wir mit ihr eigentlich einfangen wollen.

Was die Frage der Offenheit der Zukunft anbelangt, kommen wir mit der Quantenmechanik nur bis zu einem gewissen Punkt, der uns eine prinzipielle Indeterminiertheit des Zukünftigen zeigt. Doch diese führt ganz bestimmt nicht so weit, dass wir sagen können, sie erkläre auch so etwas wie eine Willensfreiheit des Menschen in seinem Handeln. Wir können vielmehr nur Hinweise geben, wie die Quantenphysik weiterentwickelt und in eine noch offenere Beschreibung münden könnte, die nicht im Widerspruch steht zu dem, was wir heute experimentell für erwiesen halten. Im Bereich des Lebendigen erscheint es nämlich möglich, die Indeterminiertheit der Quantenphysik noch weiter auszudehnen, ohne sofort auf offensichtliche Widersprüche zu stoßen. Dies würde *formal* jedenfalls über das hinausführen, was man heute Quantenmechanik nennt. Dies allerdings wohl auf eine Weise, in der wir nicht mehr durch übliche Messungen entscheiden können, ob dies auch bezüglich der *prakti-*

schen Konsequenzen gilt. Wenn aber experimentell prinzipiell nicht entschieden werden kann, ob eine solche Verallgemeinerung der Quantenphysik gilt oder nicht, dann können wir auch diese Erweiterung – für die aus meiner Sicht allerdings einiges spricht – akzeptieren, ohne in Konflikt mit dem jetzigen Wissen zu kommen. Dies hieße: Die Wirklichkeit ist weiterhin nicht beliebig, jedoch ein wenig offener, ihre Willkür etwas größer, als wir es in der Quantenmechanik bisher beschreiben. Die Willensfreiheit des Menschen könnte dann hier auch ihren Platz finden. Sie bliebe nicht nur eine Einbildung. Es wäre legitim von einem absichtsvollen und verantwortungsvollem Handeln des Menschen zu sprechen.

Ich denke, dass vieles, was Sie zu diesen Fragen sagen, mit Ihrer Person, Ihren persönlichen Erfahrungen, zu tun hat. Die Leute wollen das von Ihnen hören, weil Sie eben jemand sind, der sich jahrzehntelang geschult hat an der Quantenmechanik. Ihre Zuhörer und Leser wissen schon, dass, was Sie darüber hinausgehend sagen, nicht als Beweis gelten soll. Aber dass sich jemand so etwas zu sagen traut, der sich gleichzeitig so gut in diesem Bereich der Naturwissenschaft auskennt, das ist eigentlich das, was die Menschen beeindruckt. Man empfindet unwillkürlich: Wenn die Ansichten, die er vertritt, so eng für ihn zusammenhängen können mit dem, woran er jahrzehntelang gearbeitet hat – dann ist die Naturwissenschaft doch gar nicht zwangsläufig so eine kalte, bedrohliche Angelegenheit, die uns sozusagen verboten hat, unsere Ahnungen, unsere innere Wirklichkeit ernst zu nehmen.

Mir wird immer wieder die Frage gestellt: Inwieweit müssen wir nun Quantenphysik lernen, um uns weiter zu entwickeln? Das ist nicht notwendig, aber schadet natürlich nicht. Letztlich ist das, was ich hier sage, vor allem an die

Naturwissenschaftler gerichtet, nämlich mehr Bescheidenheit in ihrer Sichtweise als Naturwissenschaftler zu üben. Es sind weniger die anderen, die etwas dazu lernen müssen, denn das, worauf ich zeige, ist, grob gesagt, sowieso schon Gemeingut.

Das sehe ich gar nicht so. Das, was Sie sagen, richtet sich aus meiner Sicht insbesondere auch an die gewöhnlichen Menschen, die durch den naturwissenschaftlich geprägten Zeitgeist eingeschüchtert sind, und die das oft nicht mehr existenziell ernst nehmen können, was sie in ihrer Innenwahrnehmung erleben.

Ja. Das ist verständlich. Ein Naturwissenschaftler sagt ihnen: „Lasst euch von Wissenschaftlern nicht beweisen, dass Glaube überflüssig sei!" Ich behaupte: Wir brauchen zum Leben notwendig andere Dimensionen, die über das rational Begreifbare hinaus reichen, sonst fehlt dem Leben das Lebendige. Solche Aussagen machen schon nachdenklich und ermuntern zur Innenwahrnehmung.

5 *Hat auch jedes Ich so eine „Wahrscheinlichkeitswolke", ein Erwartungsfeld, in deren Zentrum das angesiedelt ist, was das Ich am wahrscheinlichsten tun wird?*
Vielleicht ist auch das Wahrscheinlichste immer das Bequemste – und nicht das Vernünftigste. Daher die Anstrengung, die es uns kostet, Vernunft durchzusetzen?

Das Wahrscheinlichste ist nicht nur das Bequemste. Sondern das Wahrscheinlichste ist zunächst das, was normalerweise passiert, wenn ich nicht durch Instabilitäten sensibilisiert bin. Alle Systeme, die nicht Instabilitäten in sich aufbauen und stützen, verhalten sich eben entsprechend der durch die gegebenen Rahmenbedingungen aufgeprägten allgemeinen Tendenz: Und das heißt eben wie unbelebte Materie, bei der alles, was speziell ist, sich in Unordnung auflöst oder regelmäßige Strukturen anstrebt, wie sie von den Rahmenbedingungen energetisch begünstigt werden. Zu sterben, uns am Toten zu orientieren, ist sozusagen für unseren Organismus das Bequemste. Wir verzichten auf Instabilitäten, die zu ihrer dynamischen Stabilisierung dauernd Energie benötigen. Wir haben genug von diesem ewigen Balance-Spiel, das uns andererseits Sensibilität ermöglicht. Wir schließen uns wesentlich von unserer Umwelt ab. Wir hören auf zu essen, um endlich Ruhe zu finden. Das ist das Bequemste. Dann sterbe ich und mein Körper folgt in Stufen dem Weg der abgeschlossenen Materie vom Unwahrscheinlichen zum immer Wahrscheinlicheren bis zur vollständigen Auflösung.

Aber wenn ich nicht das Bequemste haben will, wenn mir also mein hoch-sensibilisiertes Leben wert ist, gelebt zu werden, dann bin ich natürlich weit weg vom Bequemsten. Das ist anstrengend und aufwändig. Jetzt finde ich mich in einem total anderen Kontext: dem Lebendigen, das auf Instabilität basiert und seine Existenz der Offenheit gegenüber der großen Wirklichkeit verdankt, mit der es einen vielfältigen sensiblen Kontakt pflegt. Was machen wir jetzt? Hier kommt nicht nur zum Tragen, was ich jetzt unmittelbar erlebe, sondern in gewisser Weise die ganze Erfahrung, die in den dreieinhalb Milliarden Jahren der Entwicklung des irdischen Biosystems (oder sogar noch viel länger, wenn ich an den Kosmos denke) sich in einem ständigen Lernprozess angesammelt hat auf der Basis eines Spiels, das sich von dem unbelebten „bequemen" Pfad abgekoppelt hat und in der Offenheit zum Ganzen eine neue materiell-energetische Existenzform findet. Die Formel dabei heißt: Differenzierung und kooperative Integration des Unterschiedlichen zu einem neuen höheren, organismisch koordinierten Ganzen. Wenn gewisse Spielregeln eingehalten werden, ist das gar nicht so anstrengend. Das Wichtigste liegt in der Erkenntnis, dass wir Teilnehmer eines Spiels sind, in dem *alle* eingebunden und wechselseitig auf einander angewiesen sind. Das Ganze ist eine Erfolgsgeschichte, die sich in Zyklen Schritt für Schritt höher schraubt. Wir stehen alle bereits in der Nachfolge und Fortsetzung dieses Spiels. Das Spiel ist ein dauerndes Lernen. Dessen konstruktive Elemente werden geeignet rückgespeichert und sind so nicht nur für uns sondern in gewisser Weise für alle erreichbar. In der Weiterentwicklung kombinieren wir neu und greifen auf bereits Erreichtes zurück, zu dem wir in Form der Erinnerung durch unsere spezifische Sensibilität Zugang haben. Im Gleichnis ausgedrückt: Auf diese Weise wird die irritierende Instabilität des Radfahrens, die ständig meine Aufmerksamkeit beansprucht, auf einmal, wenn ich das Balancespiel beherrsche, zur entspannten genüsslichen Fahrt.

Aber das zu lernen, ist anstrengend.

Ja, das ist anstrengend, aber nicht in dem Sinne, dass wir dieses als etwas Schlimmes empfinden und möglichst zu vermeiden suchen. Beobachten wir doch einmal die Jugendlichen heute mit ihren Skateboards, mit welcher Hingabe, Hartnäckigkeit und mit welchem wachsenden Geschick sie versuchen, schwierigste Hindernisse zu durchfahren oder zu überfahren, und wie sie sich dabei durch blutige Knie, Ellbogen und Köpfe sowie häufiges Stürzen kaum vom weiteren Probieren abbringen lassen. Wenn wir das beobachten, dann merken wir, dass in uns und wohl in allem Lebendigen ein Wille steckt, *der dem Lebenden eigen* ist, nämlich meistern zu wollen, was unwahrscheinlich ist. Es ist eine Lerngier. Die Melodie kennen wir schon. Sie klingt in unserer Ahnung. Aber das reicht uns nicht, wir wollen sie selber singen und spielen.

Auf unsere eigene Weise spielen!

Ja! Und das ist eine unendliche Mühe.

Und das Kreative, was darüber noch hinausgeht?

Das Kreative ist das Neue, für das zunächst noch kein Platz vorgesehen ist. Es erscheint als Eindringling in eine eingespielte Ordnung, als Störenfried. Als Keim des sogenannten Bösen? Nein! Trotzdem will ich es im Gleichnis einmal provozierend als Infektion bezeichnen. Was passiert bei einer Infektion? Unser Körper reagiert sofort darauf. Und wir entdecken zu unserer Überraschung, dass er versucht, damit fertig zu werden, ohne sich von unserem wachen Bewusstsein dabei helfen zu lassen. Da agieren wir wie Tiere. Was passiert? Der Körper wehrt den Eindringling ab. Oder aber er unternimmt ein ausgleichendes, korrigierendes Rearrangement: also das, was wir einen Heilungsprozess nennen können. Er verhindert mit einer kreativen Umorganisation des ganzen Körpers einen möglichen Absturz – mit dem Ergebnis eines robusteren Körpers mit einem integrationsfähigeren Immunsystem. Also, eine Störung führt in diesem Falle nicht zur Schädigung, sondern letztlich durch Heilung zu etwas „Besserem", zu einer höheren Stufe der Evolution. Das sogenannte Böse entpuppt sich in diesem Falle am Ende als Gutes.

Das leuchtet ein, wenn wirklich ein neuer, flexiblerer Zustand erreicht wird.

Ich sollte vielleicht betonen, dass mein Gleichnis diesen glücklichen Ausgang nicht immer zeigt. Dieser ist insbesondere nicht zu erwarten, wenn eine massive Infektion erfolgt. Das könnte auch heißen: Die Unterscheidung zwischen dem

Guten und Bösen gibt es gar nicht, sondern das Böse ist immer Folge einer gewissen Maßlosigkeit.

Der Aufstieg zur höheren Entwicklungsebene passiert bei der Vorstellung der Infektion nicht so wie im Darwinismus nach dem Prinzip „survival of the fittest" über verschiedene Generationen hinweg im Überlebenskampf verschiedener Arten, wo am Schluss ein Gewinner obsiegt. Die erfolgreiche Heilung im infizierten System betrifft nur das System selbst. Dies sollte deshalb, weil es nicht vererbt wird, nicht als Evolutionsschritt gedeutet werden. Doch dies könnte am falschen Gleichnis liegen. Der kreative Auslöser sollte nicht einfach mit einer lokalen Infektion gleich gesetzt werden. Lernprozesse sind ja primär geistige Prozesse, die einer software ähneln, und die erst sekundär hardware-artige materiell-energetische Prozesse auslösen. Das heilende Rearrangement kann deshalb Spuren im „Weltgedächtnis" hinterlassen. Es wäre eben nicht nur der Körper, der die Information weiter trägt. Lernprozesse könnten durch ihre ahnenden Wurzeln kollektive Folgen haben. Wie ein Computer nicht nur Daten und Funktionen unter meinem Passwort speichert, zu denen nur ich allein Zugriff habe, so gibt es auch Daten, Funktionen, Betriebsysteme, die allen im Netzwerk, mit denen mein PC verkoppelt ist, zugänglich sind und entsprechend anderswo gespeichert werden. Wir wissen doch, dass alles miteinander zusammenhängt. Warum nicht auch Lernprozesse, die nicht auf mich als Individuum beschränkt bleiben?

Das lässt sich nicht einfach beweisen, aber C. G. Jung spricht ja von einem uns allen gemeinsamen kollektiven Unbewussten, das durch Archetypen geprägt ist. Ein solcher Einfluss ist schwer zu verstehen, wenn wir das Individuum nur über die körperliche Identität und Kontinuität beschreiben und nicht auch, wenn ich das einmal etwas ungeschützt ausdrücke, über eine Seele, die den Körper formt, die ahnend mit dem Weltgeist zusammenhängt und ihn voranbringt. Aber diese Bemerkungen sollen nur mögliche Denk-richtungen andeuten. Es ist klar, dass hiervon auch gravierend die bisherige darwinistische Evolutionslehre betroffen ist, die ohnehin aufgrund der Einsichten der modernen Physik dringend einer Revision bedarf.

6 *Die Orientierung kommt, wie Sie sagen, aus dem inneren Hinhören auf die allem zugrundeliegende Verbundenheit. Man sollte aber vielleicht auch festhalten, dass Orientierung zugleich ein Akt der Differenzierung und auch der Entscheidung ist, der eine bestimmte Tendenz unter zahllosen anderen Möglichkeiten auswählt? Und wie passiert das? Gibt das Gefühl und die Wahrnehmung der allgemeinen Verbundenheit mir letzten Endes schon genügend Anhaltspunkte für Entscheidungen?*

Es heißt zunächst, sich an Sensibilitäts-Punkte zu begeben, wo diese Offenheit sich uns erschließt. Wir müssen dazu vieles loslassen, was an uns zerrt.

Wie soll daraus schon Orientierung kommen?

Zunächst öffnet sich ein Feld der Ahnung. Aber jetzt kommt wahrscheinlich der entscheidende Punkt: Wenn so etwas aufgeht, dann würde ich vermuten, passiert alles, was auch bei einem Tier schon passieren kann, das ja noch kein waches Bewusstsein hat. Das hat mit echter Orientierung noch nichts zu tun. Orientierung würde ich das erst nennen, wenn mir dabei etwas klarer wird. Und das passiert zum Beispiel im Dialog, in dem wir an eine Grenze geführt werden und sich dabei eine Ahnung in einer gewissen Sprechweise ausdrückt. Im Hin- und Zurückspielen kommen dann viele Gleichnisse, die das leichter zugänglich machen. Aber jedes Gleichnis ist nur ein Aspekt. Es öffnet eine Dimension. In solchen Gesprächen können wir uns durch Geschichtenerzählen im Verständnis wechselseitig auf die Sprünge helfen – sozusagen durch Produktion von Gleichnissen. Dadurch, dass so vieles in uns geweckt wird, bekommt jeder eine Orientierung. Das hat etwas mit dem Wegziehen von einigen Dämpfern am Klavier zu tun, damit einige Töne wirklich ins Schwingen kommen. Im Wortsinn entspricht das immer noch keiner Orientierung. Aber ich bekomme ein Vokabular für etwas, was aus meiner Alltagssprache hinausführt.

Wie kommt es zu einer aktiven Orientierung, einer Entscheidung? Ich lasse alles, was durch einen solchen Dialog geöffnet wurde, in meine Entscheidung einfließen. Für eine materiell-energetisch manifestierte Entscheidung muss ich eine entsprechende mesoskopische „Lawine" auslösen, für die ich, gewissermaßen als „Schneefeld" oder Verstärker, eine geeignete Instabilität finden und hegen muss.

7 *Es leuchtet vollkommen ein, dass der Begriff der Ahnung etwas ganz Wesentliches meint. Es geht aber eben sehr viel Privatpsychologie in jede Ahnung mit ein.*

War es eine Ahnung, die Hitler glauben ließ, die Juden ausrotten zu müssen? Nein, so wird man solche kranken Phantasien nicht nennen dürfen. Aber vielleicht hätte er sie selber so genannt? Gibt es Kriterien, die den Traum, die Ahnung eines Martin Luther King von den Ahnungen eines Hitler – nicht von außen, sondern in der Form, Art und Weise oder Tiefe des Selbsterlebens – unterscheiden lassen? Wie handeln, wenn Ahnung gegen Ahnung steht? Aber das ist sicher eine sehr subtile Frage der Selbstwahrnehmung, weil wir ja nie von der Ahnung selbst reden können, sondern von Bildern, die extrem verfälscht sein können. Ich weiß, das ist eine sehr schwierige Frage.

Zweifellos, ich kann sie auch nicht beantworten. Die Schwierigkeiten dabei sind aber vielleicht doch nicht unüberwindlich und zwar deshalb: Eine Ahnung ist etwas ganz anderes als eine Ideologie. Daran hängt es. Eine Ahnung hat diese Offenheit, sie hat gar kein fertiges, abgeschlossenes Konzept. Sie ist nur ein Gespür für etwas. Ideologien sind stumpf, sie arbeiten nicht an den Sensibilitätspunkten, sondern sozusagen im Bereich des stabilen Gleichgewichts. Dort rutschen wir in etwas hinein, wo alles sozusagen fest und logisch erscheint und deshalb die Rationalität vollkommen ausreicht, um uns ein in sich geschlossenes, eindeutig definiertes System zu zimmern. Darin finden wir vollkommene Sicherheit und dies ist für viele Ausdruck ihrer Wahrheit.

Die Lebendigkeit ist offen, erlaubt Freiheit und Kreativität und verwehrt uns allerdings deshalb diese vollkommene Sicherheit. Das macht vielen Angst, aber entschädigt uns mit der Teilnahme an einem faszinierenden Zusammenspiel, das alle wechselseitig stützt. Die streng rationalen Systeme sind alle in gewisser Weise Missverständnisse, bestenfalls näherungsweise gültige Modelle. Weil in sich geschlossen, erscheinen sie auch inhaltlich schlüssig und laufen Gefahr, ihre Gültigkeit zu überschätzen.

Aus meiner Sichtweise als Naturwissenschaftler ignorieren wir in unserer hoch-entwickelten Zivilisation das umfassende, offene, dynamische Paradigma des Lebendigen, das unsere Wirklichkeit wesentlich charakterisiert, und rutschen bedenkenlos in das nicht-offene, beschränkt gültige, mechanistisch-determinierte Paradigma des Toten mit der Vorstellung: Ich habe das Prinzip der Wirklichkeit verstanden, jetzt will ich sie für den Menschen, und vor allem den „Besten", optimieren. Dies hat mit Ahnung nichts zu tun, sondern ist logisch abgesicherte Ideologie. Aber meine Argumentation sollte gar nicht erst bei der Wissenschaft ansetzen, sondern viel umfassender bei den Weisheiten, die wir als Geschöpfe einer mehrere Milliarden Jahre langen Entwicklung in uns tragen und die in vielfacher Form in unseren Weltkulturen zum Ausdruck kommen. Wir sprechen nicht ohne Verständnis von einer Würde des Menschen und umfassender, einer ehrfurchtsvollen Achtung vor dem Leben in einem lebendigen Kosmos.

Aber wir erlauben uns schon, systematisch zu denken und danach zu handeln.

Ja, selbstverständlich. In unserem Alltag kommen wir bei unseren Handlungen mit den Vorstellungen der klassischen Physik glänzend zurecht. Ich kann insbesondere auch angeben, welche Bedingungen Systeme in unserer komplexeren Wirklichkeit erfüllen müssen, damit die Rationalität eine gute, ja hervorragende Näherung ist und deshalb eine Als-ob-Sprechweise erlaubt. So, wie ich zum Beispiel Statistik betreiben und vernünftig von Mittelwerten sprechen kann, als ob es solche praktisch gäbe. Beim Lebendigen, insbesondere beim Menschen, sind die Vorbedingungen der klassischen Beschreibung im allgemeinen nicht mehr erfüllt. Mit unserem rationalen Denken allein kommen wir deshalb nicht ganz so gut zurecht. Klassische Gesetzmäßigkeiten stellen sich jedoch bei einem Mittelwert über sehr viele Menschen wieder ein. Dieser Durchschnittsmensch ist aber kein wirklicher Mensch mehr und hat nur noch die Eigenschaften eines Roboters. Das heißt, bei der Betrachtung von Mittelwerten rutschen wir eine Kategorie hinunter, die beschreibbarer wird. Je lebendiger ich bin, desto offener werde ich. Je oberflächlicher ich bin, desto berechenbarer werde ich. Je tiefer ich bin, desto unberechenbarer bin ich: Aber dann bin ich auch in der Nähe eines Zustands, wo ich sozusagen das nächst-höhere Niveau der Evolution vorbereite.

8 *Sie sprechen oft davon, dass ein Dialog nicht so sehr im Belehren sondern im gemeinsamen Erinnern an das besteht, was wir „eigentlich" schon wissen. Mir fällt an dieser Stelle die pla-*

tonische „Anamnesis" ein, die Erinnerung der Seele an die Ide-
en, die sie vor der Geburt geschaut hat und anhand von sinn-
lichen Erfahrungen wieder erkennt. Ich denke aber, dass Sie
das dynamischer meinen als Plato. Dann wäre dieses Wissen
aber auch eigentlich nicht „fertig" und darum auch nicht nur
„erinnert", sondern es würde auch in der jeweils aktuellen
Form während des Dialogs erst entstehen?

Richtig. Ich habe ja auch nicht von Erinnerung gesprochen,
sondern von erinnern. Ich mache wenn nötig, gern diese
Unterscheidung zwischen Substantiv und Verb.

Wenn man die Objektivierung als Wahrheitskriterium
verliert, dann entsteht zwar immer wieder die große Gefahr
der Beliebigkeit und Willkür. Aber in einem intensiven Dialog lassen sich schon Stimmigkeiten und Unstimmigkeiten
ausmachen, denen allerdings klarerweise die absolute
Schärfe fehlt. Aber das ist kein Mangel, sondern es ist genau
das Geschenk, das wir brauchen, immer wieder zu sagen: so
oder ähnlich, aber nicht beliebig oder willkürlich.

9 Sie sprechen an verschiedenen Stellen davon, dass eine voll-
ständige statistische Ausmittelung nur bei Unabhängigkeit der
Teile passieren kann. Das Lebendige, und auch der Mensch mit
seiner Willensfreiheit, zeichne sich dagegen aus durch enge Be-
ziehungen der Teile und Teilsysteme. Das würde, auf den Wil-
len übertragen, bedeuten: Je „verbundener" ein Individuum mit
Anderen und mit der ganzen Welt ist, desto freier ist es? Das
klingt vielleicht paradox, trifft aber wahrscheinlich genau dieses
unbegreifbare Phänomen des freien Willens, der ja sicher weder
blinde Beliebigkeit, aber eben auch nichts völlig Determiniertes
ist. Ausgeprägte und freie Individuen können im übrigen ei-
nander und andere oft, gerade bei aller Verschiedenheit, besser
verstehen als langweilig angepasste Massenmenschen das je
könnten.

Habe ich das in etwa in Ihrem Sinne ausgedrückt?

Ja, schon. Das hat zunächst einmal mit der Fähigkeit zur Differenzierung zu tun. Je sensibler jemand ist, desto reicher seine Ahnung und weitreichender sein Horizont.

Das macht ihn zugleich aber auch individueller.

Richtig. Individueller. Aber nun kommt zunächst die Schwierigkeit, dass die Erweiterung des Horizonts und die Aktionsfähigkeit in einem komplementären Verhältnis zueinander stehen. Das heißt: Je mehr ich sehe, umso weniger bin ich aktionsfähig. Beim Handeln muss ich mich eigentlich eng machen, sonst kann ich nicht handeln. Und wenn ich sehen und mich orientieren will, muss ich mich weit machen. Deshalb dieser große Konflikt: Für das eine brauche ich Passivität, um einen Überblick zu bekommen. Aber dann kommt die andere Seite: Inwieweit gelingt es mir, aus dieser vergrößerten Sicht auch in einen größeren Handlungsraum zu kommen? Und das hat etwas mit der Fähigkeit zu tun, wie ich die Übersetzung schaffe, das, was sich sozusagen ahnend bildet, auch in Handlungen zu verwandeln. Viele sagen, als Einsiedler bist du der große Weise und deshalb ist es am besten, du agierst überhaupt nicht.

Mit super Überblick, aber du bewirkst nichts …

Also ganz bestimmt können diejenigen, die sensibler sind, sich viel besser miteinander verständigen, weil sie die Möglichkeiten des Anderen besser sehen. Wenn es aber ums Handeln geht, ist das nicht so einfach. Dann muss man auswählen. Die wirklich Weisen werden wahrscheinlich sagen: Wenn du handelst, mach kleine Schritte! Die verantwortliche Nutzung der Willensfreiheit heißt: Kleine Schritte machen und abwarten, wie es sich im Verbund entwickelt!

10 *Es gibt Menschen, für die „Individualität" oder „Erleben des Selbst" offenbar nicht zusammenfällt mit dem geschichtlichen Individuum, das jeder von uns eine Weile zwischen Geburt und Tod ist, für die „Erleben des Selbst" vielmehr im Kern – also jenseits der geschichtlichen Individualität, aber geprägt durch sie – wie eine eigene Melodie etwas ist, das den Tod überdauert. Das hängt natürlich zusammen mit besonderen Gedanken an Unendlichkeit und Unsterblichkeit. Was denken Sie von solchen Menschen? Sind sie Ihrer Meinung nach nur nicht in der Lage, loszulassen im Hinblick auf eine ichlose Hingabe an das Ganze?*

Nein. Da liegt, so glaube ich, ein Missverständnis vor. Sie kommen ja gar nie in das Ich-lose. Aber sie kommen in das Ego-lose rein, sie werden nicht ich-los, aber ego-los. Sie wollen sozusagen auch ihr Ego hinüberretten. Für mich ist das Ego hier nicht nur das materiell-energetische Abbild meiner selbst, sondern ein Symbol für eine „Verdichtung" des Ichs, das sich noch als deutlich abtrennbar vom Kosmos erlebt.

Der Verlust des Ego ist vielleicht bei religiösen Menschen nicht unbedingt das Problem.

Das verstehe ich. Aber das Ich verlieren sie nicht. Es liegt vielleicht daran, dass sie nicht genügend wahrgenommen haben, dass selbst, als sie noch in ihrer geschichtlichen Individualität waren, ihr Ich nicht mit dem identisch ist, was sie in ihrer Geschichtlichkeit leben. Schon in ihrem Leben ist ihr Ich umfassender als das, was sie mit ihrer geschichtlichen Individualität verbinden. Es ist ein Ich, das keine Ränder hat, das immer offen ist, letztlich bis ins Unendliche reicht, also letztlich den

Kosmos ausfüllt. Es hat vielleicht jeweils einen Horizont, der aber keine Begrenzung ist, sondern eng und weit sein kann, je nachdem ob sie im Tal oder auf einem Berg sitzen. Die Persönlichkeit einer Person hängt nicht nur mit diesem vergänglichen historischen Gebilde zusammen. Sie hat vielmehr eine Ausstrahlung, und sie hat ein Einzugsgebiet, das andere mit einschließt. Das heißt, die Persönlichkeit schwebt nicht nur innerhalb der durch die Haut begrenzten Hülle. Man muss vielleicht ein wenig die Benennungen ändern, um hier die richtige Sprache zu finden.

Das nicht-historische Ich, das nicht erlischt, trägt nicht mehr meinen Namen, aber es enthält wohl schon meine Melodie, aber auch von anderen. Was ich in diesem Geben und Nehmen noch meine „eigene Melodie" nennen soll, lässt sich nicht sagen, es war vielleicht nur eine zweite Stimme zu einem alten Lied. Aber dieses unauflösbare Ineinander ist für mich gar nicht so überraschend, weil doch schon bei vielem, was ich schon in meinem Leben ganz profund empfinde, auch nicht mehr mein Name alleine darunter steht. Ein intensiver Dialog zwischen zwei Menschen, der Kommunion erlaubt, bezieht den Partner ein. Nein, sogar mehr. Beide lassen etwas drittes Neues dabei entstehen, das einen eigenen Namen verdient. Und so geht das weiter. Ich schwimme schon immer in dem größeren Meer. Der Raum, in dem Leben lebendig geworden ist, wird vergrößert durch alles, was ich zusätzlich an Prägung hinein gegeben habe. Alles neu Erlernte steckt letztlich auch irgendwie drin.

Warum dieser Wunsch nach individueller Unsterblichkeit? Es gibt eine Urangst, und die ist auch erlaubt, zu verlieren, was in meinem wachen Bewusstsein sich so schön in mir versammelt hat und meine unverkennbare, einmalige Persönlichkeit oder meine Seele ausmacht. Es ist die Angst, unterzugehen im unpersönlichen Miteinander des umfassenden Kosmos. Aber in dem Augenblick, wo man gestorben ist, wird man anderer Meinung sein (*lacht*). Wir alle hängen ja an unserem Leben, und wir denken schon, das kann ja nur so bleiben, wenn ich es auch noch weiter erzählen kann. Aber in dem Maße, wie es schön war, geht es weiter.

Das glauben Sie allen Ernstes?

Ja! Denn der Ausdruck der Schönheit ist genau der Teil, der zusammenhängend ist.

Ich sehe Sie plötzlich mit ganz anderen Augen. Sie haben gerade gesagt: In dem Maße, in dem es schön war, geht es weiter. Das ist wirklich Ihre Meinung?

Ja, genau.

Und das werden wir auch erleben?

Ja, denn die Schönheit, ich könnte auch Liebe sagen, ist der Ausdruck der Ganzheit. Das hat auch etwas mit Spannung zu tun. Für mich ist Schönheit nicht etwas, was einfach nur so „goody, goody" ist. Dahinter verbirgt sich eine ungeheure Spannung und Vielfalt, die aber in einer liebenden Balance ist, die alles durchdringt.

11 *Was verstehen Sie unter dem „mystischen Ich", das Sie in einem Ihrer Vorträge erwähnen?*

Das mystische Ich ist das Ich, das eben nicht mehr mit meinem Namen versehen ist. Das ist also das Ich, das ich als etwas ungeheuer Flexibles empfinde. Wenn uns, wie wir sagen, „das Herz aufgeht" und solche beglückenden Erfahrungen. Das mystische Ich ist die Erweiterung des mir persönlich zugeordneten offenen Ichs, es ist etwas Pulsierendes, das aufblüht und sich wieder zusammen faltet. In ihm sind wir durchlässig, wir sind mehr die Empfangenden. „Ränder" sehen wir nicht. Ich könnte nicht sagen, wo es aufhört, aber es wird dann schon schwächer, verschwindet irgendwie am Horizont.

12 *Sie gebrauchen die Wendung „Die Möglichkeit des Zusammenspiels ist in der Sinnhaftigkeit des grundsätzlich ‚Einen', ‚Unauftrennbaren' angelegt". Sie sprechen von einer „Art Erwartungs- oder Hoffnungsstruktur", und davon, dass „Hoffnung" eine „Artikulation der Wirklichkeit" sei. Worauf wird da aber gehofft? Doch nicht auf das, was das Erwartungsfeld ausdrückt, denn das ist ja das Wahrscheinlichste. Aber die Kreativität verwirklicht ja gerade nicht das Wahrscheinlichste.*

Unter Sinnhaftigkeit verstehe ich zunächst das Folgende: Dort, wo ich angesiedelt bin, bin ich ein Untersystem, das anfängt zu räsonieren: Was ist der Sinn meines Daseins? Selbstverständlich finde ich ihn nicht. Aber wenn ich mich in Bezug auf das Große sehe, erkenne ich: Ich bin ja darin eingebettet. In dem Maße, wie ich mich davon abschneide, wenn ich so tue, als sei ich getrennt, verliere ich den Bezug. Sinn ist für mich nie ein Problem. Das heißt: Es hat immer mit meinem Bezug zum Obersystem zu tun. Und wenn ich nach dem Sinn frage, ist meine Sprache unbrauchbar. Denn wie sollte die Antwort aussehen?

Aber Hoffnung und Erwartung! Was meinen Sie damit? Worauf wird gehofft?

Gut. Die Sinnhaftigkeit kommt also mit der Beziehung zum Ganzen, das ich nicht benennen kann. Aber ich weiß, dass ein Sinn existiert. Nein, ich weiß es nicht, aber ich weiß, wenn ein Sinn besteht, würde ich ihn nicht verstehen. Weil ich aber weiß, ich bin nur ein Untersystem, zerbreche ich mir nicht den Kopf darüber, warum ich den Sinn nicht verstehe. Aber warum soll ich ihn in Abrede stellen? Ich bin ein Teil davon. Und das ist auch die Quelle der Hoffnung: Wenn ich mit meinem eigenen Latein nicht zurechtkomme, dann kann ich erkennen: Es ist doch gar nicht notwendig, dass das, was als Möglichkeit in der Zukunft passiert, nur aus diesem Untersystem kommt. Alles bewegt sich ja. Die Zukunft ist immer einen Grad lebendiger als das, worin ich jetzt lebe. Dieses „lebendiger werden" ist eine Sinngebung für das Ganze.

Hat diese Hoffnung irgend einen Inhalt? Oder ist sie nur der Trost: Ich bin ein kleines Untersystem, das in einem großen System gut aufgehoben ist? Worauf hofft Ihre Hoffnung?

Nein, diese Hoffnung hat keinen konkreten Inhalt. Hoffnung heißt hier einfach: Es gibt in Zukunft Lösungen, an die ich im Augenblick nicht denke. Wenn alles, was ich mir rational überlegt habe, nicht geht, dann kann ich mir sagen: Du bist ja in einem Kosmos, der jeden Augenblick neue Möglichkeiten schafft.

Also Ihre Hoffnung ist gemeint im Sinne von Vertrauen?

Ja, Vertrauen. Und dann auch das Erleben der eigenen Kreativität.

13 *Die Geistesgeschichte zeigt verschiedentlich eine Art von „Wellenbewegungen": weg von der Aufklärung und vom Rationalismus hin zu Gefühl und Intuition. Haben Sie Kritiker, die meinen, das, wofür Sie sich einsetzen, sei nur wieder einmal so ein „Wellenschlag"? Aber es ist ja viel mehr, die Einsichten der modernen Physik, über die Sie sprechen, sind doch keine zeitbedingte Mode, sondern markieren das Erreichen einer neuen Erkenntnis-Stufe, hinter die man nicht mehr zurückfallen kann.*

Ja, so sehe ich das. Wir sind an eine Grenze gestoßen. Eigentlich erstaunlich: Wie kann es kommen, dass der menschliche Geist, der rational arbeitet, auf einmal so klar erkennt: Mit meinem bisherigen Instrumentarium komme ich hier nicht weiter? Aber dann lernt er, dass er doch in eine Welt eindringen kann, wo die Regeln der gewohnten Rationalität nicht gelten. Er weiß nicht, wie er diese Welt benennen soll. Aber er kann verstehen, warum er es mit der alten Denkweise nicht schafft. Dies schließt nicht aus, dass wir in Zukunft irgendeine andere Form finden, mit dieser offenen Welt entspannter umzugehen. Aber ganz bestimmt werden wir nicht mehr in die Enge der bloßen Rationalität zurück kehren. Und deshalb ist es meines Erachtens nur ein Wortgeklingel, wenn wir so tun, als sei jetzt eben mal wieder das bloße Gefühl dran. Es ist ja auch so, dass jemand, der den bloßen Rationalismus vertritt, das gar nicht schafft. Er muss seine Haltung nur vollends zu Ende denken. Wenn du rational bist, wo hörst du dann auf, zu fragen? Du hörst dort auf, wo du sagst: Aber das ist evident! Wenn du sagst, das ist für mich evident, ist das genau der Moment, wo du gewissermaßen umschaltest und sagst, jetzt habe ich meine Grenzen erreicht. Irgendwann müssen wir sagen: Jetzt höre ich auf zu fragen. Das ist doch evident, wenn ich das leugne, dann weiß ich überhaupt nichts mehr. Wunderbar!

Wenn jemand mit der Rationalität zufrieden ist, gut! Aber sie ist nur ein Skelett. Kann er wirklich damit leben? Hat er sein Leben wirklich einmal darauf hin geprüft, ob er damit wirklich auskommt und zufrieden ist? Von der Logik her geht das gar nicht. Ein System kann sich nicht selbst beweisen.

14 *Man könnte beim Lesen Ihrer Texte vielleicht den Eindruck gewinnen, dass zwar die Aussagen aller Wissenschaften Gleichnisse, und damit auch anders formulierbar sind, nicht aber die Aussagen der Quantenphysik, die so erscheinen, als seien sie letztgültig formuliert. Aber sie sind ja wohl auch nur Gleichnisse. Also könnte man über Potenzialität zum Beispiel auch noch ganz anders sprechen, als die Quantenphysik es tut? Lassen Sie diese Möglichkeit offen?*

Die ist offen gelassen. Die Quantentheorie ist jedoch eine offene Theorie, d. h., sie versucht gar nicht den Abschluss. Wir behaupten gerade nicht die Geschlossenheit. Viele sagen: Wie kannst du damit leben? Das geht sehr gut, denn dies ist ja eigentlich Leben.

Kann man zum Beispiel über Potenzialität auch noch anders reden als die Wissenschaftler es heute tun?

Das Wort Potenzialität ist ein Joker. Die Karte kann für alles stehen. Potenzialität sagt nur, dass wir in einer Wirklichkeit sind, die das Kann-Potenzial hat, sich materiell und energetisch zu manifestieren. Es ist die Eigenschaft von etwas Offenem. Aber es ist nicht gänzlich offen. Wir können immer noch die Wahrscheinlichkeit von Ereignissen voraussagen, aber nicht das Ereignis selber. Wenn ich aber in Instabilitäten bin, können wir, so die Hypothese, nicht einmal mehr die Wahrscheinlichkeit vorhersagen. Dann gibt es einen Raum, wo echte Kreativität entstehen kann. Also: Wir lassen die Möglichkeit offen, über Potenzialität auch noch anders zu reden. Und es stört uns nicht!

Ich sage: Das Lebende wird lebendiger! Diese Vorstellung ist vielleicht falsch. Ja, sie kann total falsch sein. Ich habe das mir zurecht gelegt. Wenn ich diese ganze gewaltige und differenzierte Dynamik der Wirklichkeit betrachte, mache ich mir meine eigenen Gedanken darüber, warum das so passiert. Alle Kulturen haben versucht, darauf Antworten zu finden. Warum ist das in sich geschlossene Ganze nicht mit sich selbst zufrieden und drängt nach einer Außendarstellung, die unsere Welt ist? Ist es der Wunsch des Göttlichen, sich selbst im Spiegel zu sehen, um sich seiner gelebten Schönheit auch wirklich bewusst zu werden? Wie wir das auch immer ausdrücken wollen, für mich bedeutet dies einen ständigen Prozess, bei dem, was ahnend als Potenzialität intim verflochten ineinander wirkt, nun gewissermaßen in ein Nebeneinander unendlich aufgefächert und ausgebreitet in ein vielfältiges, filigranes Miteinander verwandelt wird. Warum? Ja, warum? Das weiß ich auch nicht. Die Kreativität schafft einerseits dauernd neue Freiheitsgrade für mögliche Gestalten, die andererseits in deren Wechselspiel laufend materiell-energetisch verkrusten und das sichtbare expandierende Universum mit seinen unzähligen Sonnen und Sonnensystemen bilden.

Das soll kein ernster Vorschlag sein für eine neue Kosmogonie. Ich meine nur: Solch eine dynamische, durch ständige Kreativität angetriebene und sich öffnende Welt erscheint mir viel sympathischer als eine durch Regelmäßigkeiten ausgezeichnete Welt, die ihre Kreativität und Lebendigkeit in einem einzigen Urknall ganz am Anfang verpuffen lässt.

15 *Die von Ihnen an verschiedenen Stellen vertretene Vorstellung, dass das wissenschaftliche Wissen seine Grenzen hat, und dass es deshalb dem Glauben nicht dreinreden kann, der „Räume" kennt, die nur ihm zugänglich sind – ist an sich geläufig. Aus dieser Vorstellung erwuchs ja gerade die heute so weit verbreitete Trennung von Glauben und Wissen, die den Glauben zur völligen Privatsache macht. Aber im Grunde vertreten Sie doch eigentlich die Auffassung, dass die moderne Physik mehr leistet, dass sie Brücken von Plausibilitäten zu ei-*

ner zeitgemäßen Religiosität gebaut hat. Das von der modernen Physik inspirierte Weltbild beschränkt sich doch nicht auf die Aufforderung: Seid tolerant!?

Nein, das ist richtig. Das Wort „tolerant" bringt sozusagen die Haltung zum Ausdruck: „Großzügig, wie ich bin, lebe ich wohlwollend mit deiner Ignoranz! Lass doch jeden nach seiner Fasson selig werden, es macht mir auch nichts aus, wenn du mich nicht verstehst, ich weiß es einfach besser und ich bin eben so großzügig und lasse das so stehen."

So sind ja auch viele Naturwissenschaftler.

Ja. Aber ich sehe das anders. Im Glauben sprechen wir etwas an, das ich von verschiedenen Seiten ansehen kann und das dann in meiner Vorstellung zu verschiedenen Bildern führt. Und meine Schlussfolgerung ist: Alle diese Bilder enthalten ein Körnchen Wahrheit. Das heißt: Sie versuchen, etwas zu vervollständigen, was sie nicht sehen. In dem Sinne sind sie Gleichnisse. Ich toleriere deshalb die anderen Religionen nicht nur, sondern sehe sie auch daraufhin an, ob ich selbst unter Umständen zu einfältig bin. Eventuell erlebe ich dann: Sieh an, das sieht der so, das habe ich so noch nie gedacht, weil in meinem Leben ein anderer Hintergrund wichtiger war. Indem ich verschiedene Gleichnisse verwende, werden meine Vorstellungen von der Wirklichkeit reicher. In ihrer Gesamtheit deuten diese Gleichnisse noch umfassender auf das, was sich dahinter verbirgt, was sie letztlich alle meinen.

Sie sind also eigentlich neugierig auf Religionen. Sie sind nicht ein gönnerhafter Naturwissenschaftler, der die Religionen halt auch leben lässt.

Ich unterscheide schon Oberflächlichkeit und Tiefe. Wenn ich Leute treffe, die sehr tiefsinnig sind, dann nehme ich, was sie sagen, ungeheuer ernst, auch wenn ich es zunächst kaum verstehe. Ich finde das wunderbar, denn es wird mein Weltbild erweitern. So entsteht durch das Zusammenführen der Menschen etwas, das wieder ein Niveau höher in der Evolution angesiedelt ist.

16 Brauchen wir neue Formen einer zeitgemäßen Religions-ausübung? Und: Wo sehen Sie Ansätze dafür?

Wir müssen uns mehr Geschichten erzählen als sogenannte Tatsachen aufzuzählen, die von irgendwoher zitiert werden und deren Entstehung wir nicht überblicken. Geschichten transportieren Zusammenhänge, die in ihrer Ganzheitlichkeit mehr vermitteln können, was wir erleben aber nicht begreifen können.

17 Sind Dialoge, ist die Evidenz, die man in Dialogen erreichen kann, für Sie das wesentliche Instrument der Wahrheitsfindung in der Zukunft?

Ja. Aber sie lassen uns eine andere Wahrheit finden, als die üblicherweise festgestellte eindeutige Wahrheit. Diese Wahrheit ist mehr eine schwebende Wahrheit, die uns durchweht, wie ein warmer Wind, und trotz ihrer Verschiedenheit und trotz ihrer verschiedenen Erscheinungsformen von uns als Evidenz einfach erlebt wird. Bewegungen sind ansteckend. Nur wer selbst brennt, kann andere entzünden.

18 Wie wehren Sie sich gegen Missverständnisse und gegen falsche Freunde gerade auch im Bereich der Esoterik, die nicht präzise denken können und wahrscheinlich mit Begeisterung

Ihre Ausführungen über die Offenheit aufnehmen, um damit auch ganz abstruse Thesen zu rechtfertigen?

Das ist wieder so eine Frage, die mit Beliebigkeit und Willkürlichkeit zusammenhängt. Dazu lässt sich im Prinzip sagen: Jede Aussage sollte zunächst nicht als eine Feststellung, sondern nur als ein Gleichnis für das, was festgestellt werden soll, verstanden werden. Gleichnisse müssen sich selbstverständlich bewähren, um diese Bezeichnung zu verdienen. Das geschieht in intensiven Dialogen mit anderen. Durch sie muss es möglich sein, beim Anderen Erinnerungen wach zu rufen von etwas, was man eigentlich immer schon wusste und nur vergessen hatte. Dies ist dann ein Zeichen für eine Art Stimmigkeit, die sich von Willkür und Beliebigkeit abgrenzen lässt. Es ist im allgemeinen mehr eine Frage der Sensibilität, herauszubekommen, ob eine Aussage stimmig ist oder nicht. Jeder kann sagen: Meine Aussage ist doch stimmig. Aber ein anderer, der sensibler ist, würde vielleicht sagen: Nein, wenn du diese anderen Dinge mitbeachtest, dann siehst du, dass das nicht zu einer Melodie führt, die ankommt.

Das ist ein schwieriges, kaum lösbares Problem: Wieweit kann die Stimmigkeit in der Wissenschaft letzten Endes das ersetzen, was dort bisher der Wahrheit, der eindeutigen Richtigkeit, entspricht? Wir können die Stimmigkeit nicht äußerlich feststellen. Sie ist das Ergebnis eines Gespräches, eines Dialoges. Die Stimmigkeiten, zu denen ich dort komme, sind aber nicht fest. Zunächst wird die Stimmigkeit nur zwischen den beiden Dialogpartnern hergestellt. Wenn ich aber die Dialoge ausweite, sie immer wieder mit anderen beginne und sie erfolgreich beende, dann wird es sozusagen immer stimmiger. Das wird nicht immer gelingen. Aber vielleicht mehr im Sinne eines Ausschlusses: Ich bin immer sicherer, was sozusagen Irrsinn ist, was abstrus und praktisch ein Fehltritt ist. Dann bleiben andererseits Vorstellungen übrig, die Chancen haben, stimmig zu sein.

Also: Ich setze mich absichtlich sehr vielen Dialogen aus, um diese Stimmigkeit zu finden.

Ja. Ich muss dialogfähig sein. Das ist der Filter, nicht mehr die Beweiskraft mathematischer oder irgendwelcher Art. Nicht die logische Konsistenz, sondern die Stimmigkeit in vielen Dialogen. Und dies nicht nur innerhalb einer Kultur, sondern auch über Kulturgrenzen hinweg. Da wird es selbstverständlich immer schwieriger, weil die Dialoge schwieriger werden. Aber, wenn ich an das Klavierbeispiel denke: Auf Grund unserer vielen Saiten können wir, wenn wir genügend Dämpfer abheben, auch auf einmal Melodien mithören, die wir vorher noch nicht gehört haben. Es ist also eine Anstrengung wert, Stimmigkeit immer anzustreben, und auf sie hin zu arbeiten. Sie ist Teil dieses Prozesses, den wir konstruktive Entwicklung nennen. Das Erreichen der nächsten Stufe der Lebendigkeit ist auf Stimmigkeit ausgerichtet.

Wenn wir das auf diese Weise machen, dann zeigt sich wiederum deutlich, dass wir dazu Zeit brauchen. Es ist also eine Gefährdung, wenn wir alles so schnell laufen lassen.

Das ist ein wesentlicher Gesichtspunkt! Dieser Prozess, Stimmigkeit herzustellen, ist enorm zeitaufwändig. Das ist der Grund, warum auch die Natur so langsam arbeitet. Und wenn wir heute sagen, das geht uns zu langsam, wir wollen eine schnellere Entwicklung haben, dann missverstehen wir, dass die Entwicklung nicht dadurch beschleunigt werden kann, dass ich noch schneller kreative Ideen hineinpumpe. Stimmigkeit durch Beschleunigung herzustellen, das geht im Prinzip überhaupt nicht. Je mehr Stimmigkeit ich herstellen muss, umso mehr Dialoge muss ich führen. Und ich bin auf umso soliderem Boden, je größer ich die Kreise ziehe, in denen ich diese Stimmigkeit herstelle.

19 *Wie vereinbaren Sie das große Vertrauen in den „Untergrund", in die Potenzialität, das bei Ihnen zu spüren ist, mit den vielen Schrecken auf dieser Erde, dem Fressen und Gefressenwerden, dem Verbrechen, den Schmerzen? Sind das letzten Endes vernachlässigbare Phänomene angesichts des Ganzen?*

Das ist eine schwierige Frage. Der Schrecken, den uns die lebendige Wirklichkeit bereitet, liegt an der unabweisbaren Notwendigkeit, dass die Fähigkeit zur Sensibilisierung und deren dynamische Stabilisierung im Laufe der Zeit erlahmt. Das Unwahrscheinliche, welches das Lebendige ja eigentlich darstellt, strebt unumkehrbar dem Wahrscheinlicheren, dem stabilen Gleichgewicht, dem Toten zu. Der Geburt folgt durch Erstarren unabweisbar der Tod. Doch entsteht im Gegentrend fortwährend auch immer wieder neues Leben. Das macht nicht verständlich, warum dieser natürliche Kreislauf mit soviel Schmerz verbunden sein muss. Liegt es vielleicht an uns, dass wir uns so vehement gegen den Tod stemmen, nicht bereit sind, ihn dankbar zu empfangen, wenn er bei uns anklopft? Ist es vielleicht der wachsende Verlust an Geistigkeit in unserer auf materiellen Konsum fokussierten Zivilisation, der uns Angst und Schmerz bereitet und uns immer mehr in eine Verfassung bringt, anderen Menschen immer mehr und auf immer schlimmere Weise Schmerzen zuzufügen, Schmerzen, die am Ende uns alle treffen? Ich weiß es nicht. Aber wir beobachten alle: In Teilen der menschlichen Gesellschaft vollzieht sich eine schreckliche Fehlentwicklung, die in galoppierende Zerstörung mündet. Diese Fehlentwicklung rächt sich dann am Ende an einzelnen Mitgliedern gewissermaßen stellvertretend, auch wenn diese ganz unschuldig sind, oder nur wenig schuldig sind (in dem Sinn, dass sie nämlich solche Fehlentwicklungen tatenlos zugelassen haben). Wir erleben also gewissermaßen eine Art Kollektivbestrafung oder eine Kollektivkorrektur, wo keiner Sonderrechte genießt, weil alle ja ein Teil vom Ganzen sind. Darum müssen auch diejenigen, die sich die Geistigkeit noch bewahrt haben, sich gegen diese Fehlentwicklungen wehren. Und das tun sie auch. Aber wenn sie zu schwach sind, um diese Fehlentwicklungen aufzuhalten, dann werden sie eben mit in die Kollektivkorrektur hineingezogen. Die Fehlentwicklungen sind dann einfach zu groß geworden. Wir alle müssen den Tod akzeptieren. Etwas, das nicht mehr genügend flexibel und immunfähig ist, um Fehlentwicklungen abzuwehren, wird einfach aus der Evolution gnadenlos hinausgeworfen. Das heißt aber nicht, dass der geistige Teil dabei verloren geht. Er bildet mit allem anderen Geistigen den fruchtbaren Humus und die inspirierende Quelle für die geistige Entwicklung aller Nachgeborenen.

20 Sehen Sie Chancen für eine Verständigung zwischen Islam und Christentum auf der Basis der Gedanken dieses Buches?

Selbstverständlich. Auf dem Hintergrund der Weltreligionen ist der Islam als abrahamitische Religion gar nicht so verschieden vom Christentum und Judentum. Der Islam durchläuft im Augenblick leider eine ganz schwierige Zeit. Viele identifizieren den Islam mit extremem Fundamentalismus, den es dort heute zweifellos gibt. Vielleicht auch immer gegeben hat. Aber das Christentum zeigt – historisch und in manchen Teilen der Welt auch gegenwärtig – ähnliche fundamentalistische Züge. Diese schrecklichen Formen sind Zerrbilder. Sie haben im Grunde nichts mit der Essenz der Weltreligionen zu tun, die geistiger Natur ist. Ich würde mir wünschen, dass alle Religionen ihre schriftlichen Versionen deutlicher als Gleichnisse sehen. Sie sollen die Menschen an das erinnern, was sie in gewissem Sinne innerlich schon wissen, aber vergessen haben. Das gilt nicht nur für die Religionen. Auch die Wissenschaften, das soll ja dieses unser Buch zum Ausdruck bringen, sprechen letztlich auch nur in Gleichnissen. Die Bescheidenheit, die aus dieser Einsicht folgt, ist nicht ein Ausdruck von Schwäche. Sondern nur eine Verbeugung vor dem Unbegreiflichen.

21 Finden Sie es schwer zu ertragen, dass wir an die Wirklichkeit immer nur in Form von Gleichnissen herankommen können?

Nein! Ich finde es wunderbar! Es eröffnet eine Sichtweise, bei der alles, was geschieht, neu ist. Und in einem gewissen Sinne einmalig wird. Gewissermaßen zu einer Erweiterung des Weltgeistes. Und ich bin daran beteiligt! Mein schöpferischer Beitrag, und nicht nur meiner, der schöpferische Beitrag eines jeden von uns ist genuin! Er ist wirklich! Er ist keine eitle Selbsttäuschung! Und das ist doch eigentlich großartig. Und nicht nur wir als Menschen, sondern auch alles, was mit uns zusammenlebt, auch die Blüte eines Kirschbaums, schafft mit an dieser ewigen Erneuerung. Der Zustand der größten Unsicherheit ist gleichzeitig Augenblick der größten Freiheit. Er ermöglicht uns, zugleich die größte Nähe zu unserer Einmaligkeit.

Quellenhinweise

Die in diesem Buch verwendeten Textstellen sind den folgenden Vorträgen entnommen:

Naturverständnis und politische Macht. Göttinger Universitätsforum – zum 20. Todestag von Hannah Arendt, Göttingen, 9. Dezember 1995

Weltbilder im Umbruch, Deutsches Museum, München, 9. Oktober 1996

Selbstbeschränkung – eine unmögliche Notwendigkeit. Heinrich-Böll-Stiftung, Berlin 16./17. Juni 1998

Gott, der Mensch und die Wissenschaft. 4. Wiener Kulturkongress, 10. November 1998

Bildung ohne Kunst und Musik? Akademie der schönen Künste, München, 25. Januar 1999

Technologie und Weltanschauung. Der Österreich1 Essay: Fragen an das 21. Jahrhundert, 23. August 1999

Was können wir wirklich wissen? Paderborner Podium „Glaube in der Wissensgesellschaft", Heinz Nixdorf Museums Forum. Paderborn, 20. Oktober 2000

Transzendenz. Vier Vorträge bei den 51. Lindauer Psychotherapiewochen, 16. bis 27. April 2001

Natur- und Menschenbild nach der ontologischen Revolution des 20. Jahrhunderts. Jubiläums-Vortrag, Institut für Zukunftsforschung und Technologiebewertung, Berlin, 24. September 2001

Zum schöpferischen Prinzip – Das Geistige in der Natur. Arbeitstagung der Internationalen Gesellschaft für Tiefenpsychologie, Lindau, 28. Oktober bis 1. November 2001

Wissenschaft und Transzendenz. Psychotherapie-Kongress, Bad Kissingen 30. Mai bis 2. Juni 2002

Ein neues Welt und Menschenbild. 8. Wiener Kultur Kongress, 26. November 2002

Vorwort von Hans-Peter Dürr zu „Wirklichkeit, Wahrheit, Werte und die Wissenschaft". Hrsg. H.-P. Dürr, H.-J. Fischbeck, Berlin 2003

Versöhnung von Wissenschaft und Religion. Ökumenischer Kirchentag, Berlin, Französische Friedrichstadtkirche, 30. Mai 2003

Faszination des Denkens

Hans-Peter Dürr/Marianne Oesterreicher
Wir erleben mehr als wir begreifen
Band 4847

Wie sprechen wir über das, was Wissenschaft nicht fassen kann? Was bedeuten Identität und Verantwortung? Eine spannende Begegnung.

Eugen Drewermann
Wozu Religion?
Band 5380

„Das Buch ist einfach unglaublich gut. Ich habe vergleichbares noch niemals derart kompakt gelesen, bin hingerissen." (Klaus Merhof, epd)

Stanislav Grof/Peter Fenwick/Michael Grosso
Wir wissen mehr als unser Gehirn
Band 5284

Führende Wissenschaftler über die Grenzen des menschlichen Bewusstseins. Der spannende Brückenschlag zwischen Naturwissenschaft und Spiritualität.

Harro Heuser
Die Magie der Zahlen
Band 5439

Ein rasanter Gang durch die Zahlenwelt mit amüsanten und tiefsinnigen Berechnungen – von einem Professor der Mathematik, der sich mit Glückszahlen, satanischen Zahlen, und religiösen Heilserwartungen beschäftigt.

Hans Joas
Braucht der Mensch Religion?
Band 5459

Was erfährt, wer glaubt? Die Erfahrung der Selbstüberschreitung braucht Deutung. Eine überraschende Sicht auf eine alte Menschheitsfrage.

HERDER spektrum